T0222391

Statisch bestimmte Stabwerke

Otto Wetzell • Wolfgang Krings

Statisch bestimmte Stabwerke

Technische Mechanik für Bauingenieure 1

4. Auflage

Otto Wetzell
Ostbevern, Deutschland

Wolfgang Krings
Kürten, Deutschland

ISBN 978-3-658-11459-6   ISBN 978-3-658-11460-2 (eBook)
DOI 10.1007/978-3-658-11460-2

Die Deutsche Nationalbibliothek verzeichnet diese Publikation in der Deutschen Nationalbi-
bliografie; detaillierte bibliografische Daten sind im Internet über http://dnb.d-nb.de abrufbar.

Springer Vieweg
© Springer Fachmedien Wiesbaden 1973, 2004, 2011, 2015

Lektorat: Dipl.-Ing. Ralf Harms

Gedruckt auf säurefreiem und chlorfrei gebleichtem Papier

Springer Fachmedien Wiesbaden ist Teil der Fachverlagsgruppe Springer Science+Business Media
(www.springer.com)

Vorwort

Die „Technische Mechanik für Bauingenieure" behandelt in drei Bänden die Festigkeischlehre und Statik der Stabtragwerke und richtet sich an Studenten der Fachrichtung Bauingenieurwesen an Fachhochschulen und Technischen Universitäten. Ziel der Texte ist, dem Leser die Technik der Problemlösung zu zeigen und ihn mit dem dabei benutzten Instrumentarium vertraut zu machen. Aufbau und Darstellung des Stoffes haben sich in Vorlesungen an der Fachhochschule Münster über mehrere Jahre bewährt. Es wird durchgehend problemorientiert (= methodenorientiert) und nicht systemorientiert gearbeitet. Fragen der Motivation wurde besondere Aufmerksamkeit geschenkt.

Band 1 beschreibt die Untersuchung statisch bestimmter Stabwerke, insbesondere die Ermittlung von Stützgrößen und Zustandslinien. Die Leistungsfähigkeit von Schnittprinzip und Gleichgewichtsbetrachtung wird an vielen verschiedenartigen Beispielen gezeigt. Dabei wird dem Einfeldträger als Elementar-Tragwerk besondere Aufmerksamkeit geschenkt. An vielen Stellen wird dargestellt, wie man Berechnungen praktisch vereinfachen kann. Ausführlich werden Bezugssystem, Vorzeichenregelung und Fragen der Darstellung besprochen. An einigen wenigen Stellen wird der Ablauf der Berechnung in einem Ablaufplan dargestellt, wodurch eine Übertragung der numerischen Rechnung auf einen Rechner erleichtert wird.

Die Herleitung der Ergebnisse geschieht stets mit allgemeinen Zahlen. Die graphische Darstellung dieser Ergebnisse jedoch wird in den meisten Fällen für bestimmte Zahlenwerte vorgenommen; diese Zahlenwerte sind dabei so gewählt, dass ein Vergleich mit zuvor erarbeiteten Ergebnissen unmittelbar möglich ist.

Dieser vergleichende Überblick wird auch durch die Anordnung mehrerer Tafeln erleichtert, die nebeneinander noch einmal das zeigen, was zuvor nacheinander erarbeitet wurde. Einen ähnlichen Zweck haben die Zusammenfassungen am Ende jedes größeren Kapitels, die zusammen mit den entsprechenden Einleitungen den Stoff der einzelnen Kapitel durchsichtiger machen und in einen größeren Zusammenhang stellen sollen.

Herzlich danke ich schließlich dem Springer Vieweg Verlag und hier insbesondere Frau Annette Prenzer und Herrn Dipl.-Ing. Ralf Harms für die sehr angenehme Zusammenarbeit.

Kürten, im Oktober 2015   Wolfgang Krings

Inhaltsverzeichnis

1 Grundlagen

In diesem Kapitel geht es um die Elemente der Statik und ihre Behandlung. Wie immer zu Beginn einer Betrachtung müssen zunächst Definitionen vereinbart und Fragen der Systematik erörtert werden. Ein Elementar-Baustein der Statik – nicht der einzige – ist die Kraft. Von den unendlich vielen Kräften, die um uns herum wirken, bilden diejenigen, die unter einem bestimmten Gesichtspunkt zusammengefasst werden können, ein Kraftsystem. Der Systematiker fragt: Sind alle Kraftsysteme von gleicher Art oder gibt es Unterschiede? Nun, es gibt Unterschiede. Wir einigen uns darauf, alle Kraftsysteme nach zwei Gesichtspunkten zu unterteilen. Der folgende Entscheidungsbaum zeigt dies.

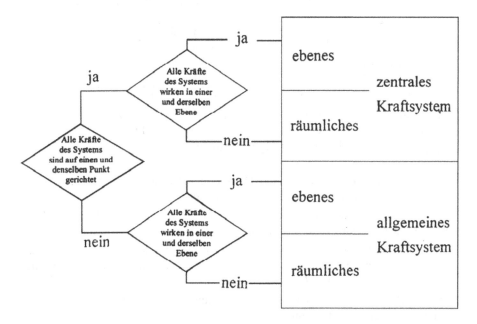

Schließlich treffen wir auf ein Phänomen von großer Wichtigkeit: Das Gleichgewicht. Wir stellen fest, dass manche Kraftsysteme im Gleichgewicht sind und andere nicht.

1.1 Allgemeines

Die Mechanik ist ein Teilgebiet der Physik. Als solches aufgefasst spricht man von Theoretischer Mechanik. Aus einem Teilgebiet der Theoretischen Mechanik, der Klassischen Mechanik, entwickelten Ingenieure die Technische Mechanik; derjenige Teil der Technischen Mechanik, der besonders häufig im Bauwesen angewendet wird, wird manchmal als Baumechanik bezeichnet.

Das Gebiet der Mechanik lässt sich folgendermaßen aufteilen:

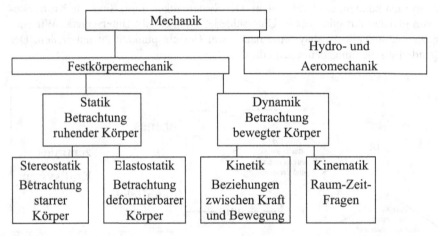

Man findet in der Literatur auch andere Definitionen der oben verwendeten Begriffe, was natürlich zu einer anderen Aufteilung führen muss.

Die Klassische Mechanik wird auch als Newtonsche Mechanik bezeichnet nach ihrem Begründer Newton (1643–1727). Er baute die Mechanik auf 3 Axiome auf:

1. Jeder Körper beharrt in seinem Zustand der Ruhe oder der gleichförmigen gradlinigen Bewegung, wenn er nicht durch einwirkende Kräfte gezwungen wird, diesen Zustand zu ändern (= Trägheitsgesetz).

2. Die Änderung der Bewegung ist der Einwirkung der bewegenden Kraft proportional und geschieht in Richtung der bewegenden Kraft
   (Bewegungssatz $\vec{F} = m \cdot \vec{a}$).

3. Die Wirkungen zweier Körper aufeinander sind stets gleich und von entgegengesetzter Richtung (= Gegenwirkungssatz).

Zu diesen 3 Axiomen kommt noch der sehr wichtige Satz vom Kräfteparallelogramm, von Stevin 1586 zum ersten Male formuliert, dem ebenfalls die Bedeutung eines Axioms zukommt:

Zwei Kräfte, die im selben Punkt eines Körpers angreifen, sind gleichwertig einer einzigen Kraft, die ebenfalls in diesem Punkt angreift und deren Größe und Richtung durch die Diagonale desjenigen Parallelogramms gegeben ist, das aus den beiden ersten Kräften gebildet werden kann.

Zum oben bereits verwendeten Begriff der Kraft sind einige Erläuterungen nötig: Kräfte sind vektorielle Größen. Zu ihrer eindeutigen Bestimmung sind deshalb drei Angaben notwendig: Größe, Richtung und Wirkungslinie. Von Vektoren werden Skalare unterschieden, die durch Angabe ihres Betrages vollständig beschrieben sind (Beispiel: Temperatur, Masse). Ein Vektor (Beispiel: Kraft, Verschiebung, Geschwindigkeit) wird zeichnerisch durch einen Pfeil dargestellt (= gerichtete Strecke), dessen Länge den Betrag des Vektors angibt.

Man unterscheidet

Punktkraft	(kN, N)
Linienkraft	(kN/m, N/cm)
Flächenkraft	(kN/m^2, N/cm^2)
Volumenkraft	(kN/m^3, N/cm^3)

Die Volumenkraft ist die Ursache aller anderen Kräfte; für ihre Entstehung ist die Berührung zweier Körper nicht erforderlich (Fernwirkung).

Man unterscheidet weiter zwischen Aktionskräften und Reaktionskräften; Aktionskräfte sind die Ursache der Reaktionskräfte.

Schließlich wird zwischen statischer und dynamischer Belastung unterschieden: Bei statischer Belastung befindet sich die Last bereits auf dem Tragwerk; das System ist im Gleichgewicht.

Bei dynamischer Belastung wird die Last plötzlich auf das Tragwerk aufgebracht (Beispiel: Gewicht fällt aus beliebiger Höhe auf das Tragwerk); das System gerät dadurch in Bewegung (z. B. Schwingungen). In der Statik setzt man eine sogenannte quasistatische Belastung voraus, bei der eine Last in unendlich vielen kleinen Teilen auf ein Tragwerk aufgebracht wird.

Als äußere Last bezeichnet man alle Lasten, die von außen auf das Tragwerk wirken:

1   Ständige Lasten (Eigengewicht)

2   Verkehrslasten

2.1   Lotrechte Verkehrslasten (i. A. infolge des Eigengewichtes der Belastung),

2.2   Waagerechte Verkehrslasten und schräg gerichtete Verkehrslasten (Wasserdruck, Erddruck, Winddruck, Flieh- und Bremskräfte etc.).

Infolge der äußeren Lasten entstehen im Inneren der Tragwerke innere Kräfte (anschauliches Beispiel: Gelenkkräfte eines Dreigelenkbogens). Diese inneren Kräfte werden durch das sog. Schnittprinzip sichtbar gemacht: Man zerschneidet das Tragwerk in zwei Teile und ermittelt die an der Schnittstelle wirkenden inneren Kräfte, indem man sie auffasst als auf jeweils einen Tragwerksteil wirkende äußere Kräfte. Innere Kräfte nennt man deshalb auch Schnittkräfte.

Setzt man zwei Kräfte nach dem Satz vom Kräfteparallelogramm zusammen, so nennt man diese so zusammengesetzte Kraft die Resultierende. Die beiden ursprünglichen Kräfte sind dann die Komponenten der Resultierenden. Als Verschiebungssatz der Kräfte bezeichnet man folgende Aussage:

Sofern es sich um das Gleichgewicht oder die Bewegung eines ganzen Körpers handelt, darf am starren Körper eine Kraft in ihrer Wirkungslinie beliebig verschoben werden.

Dieser Satz ist nur solange anwendbar, als es sich um das Gleichgewicht des ganzen Körpers handelt. Steht die Verteilung der Kräfte im Inneren des Körpers zur Diskussion, so gilt er nicht mehr.

1.2 Das zentrale Kraftsystem

Mehrere Kräfte die unter einem Gesichtspunkt zusammengefasst werden, bilden ein Kraftsystem. Beispiel: Alle auf ein Tragwerk wirkenden Kräfte. Schneiden sich die Wirkungslinien all dieser Kräfte in einem Punkt, so bilden sie ein zentrales Kraftsystem. Wegen der Gültigkeit des Verschiebungssatzes der Kräfte können wir auch sagen: Alle Kräfte eines zentralen Kraftsystems sind auf einen und denselben Punkt gerichtet.

1.2.1 Das ebene zentrale Kraftsystem

Wirken alle Kräfte eines zentralen Kraftsystems in einer und derselben Ebene, so bilden sie ein ebenes zentrales Kraftsystem. Andernfalls bilden sie ein räumliches zentrales Kraftsystem. Die folgenden Ausführungen zeigen die graphische und analytische Behandlung ebener zentraler Kraftsysteme.

Bild 1 Reduktion zweier Kräfte

1.2.1.1 Graphische Behandlung

Die zeichnerische Darstellung einer Kraft ist nur möglich in Verbindung mit einem Kräftemaßstab (KM). Beispiel 1 cm ≙ 1 kN. Wir unterscheiden den Lageplan und den Kräfteplan. Allgemein bezeichnen wir eine Kraft mit F (vom engl. force). Die Konstruktion der Resultierenden erfolgt im Kräfteplan, im Lageplan wird dann ihre Lage angegeben. Im Lageplan müssen die Kräfte nicht maßstäblich eingezeichnet werden; maßstäbliche Eintragung ermöglicht jedoch eine anschauliche Kontrolle des Ergebnisses. Anstelle des Kräfteparallelogramms wird gewöhnlich nur dessen eine Hälfte gezeichnet: Das Kräftedreieck (Bild 1). Bei Vorhandensein mehrerer Kräfte werden nacheinander jeweils zwei Kräfte zu einer Resultierenden zusammengefasst. Man lässt dabei die Zwischenresultierenden fort (Bild 2) und kommt so zum Krafteck oder Kräftepolygon.[1]

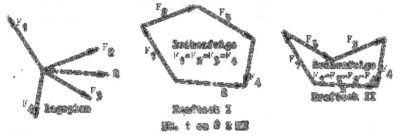

Bild 2 Reduktion mehrerer Kräfte

Fügt man die einzelnen Kräfte eines zentralen ebenen Kraftsystems in beliebiger Reihenfolge aneinander, dann ist die Schlusslinie des so entstehenden offenen Polygons gleich der Resultierenden R nach Größe und Richtung. R weist dem durch die Richtung der Kräfte gegebenen Umlaufsinn des Kraftecks entgegen und greift im Lageplan an im gemeinsamen Angriffspunkt aller Kräfte.

Bei der Reduktion eines zentralen ebenen Kraftsystems sind folgende zwei Ergebnisse möglich:

a) Das Kraftsystem reduziert sich auf eine Einzelkraft. Zeichnerisches Kennzeichen: Krafteck offen.

b) Das Kraftsystem ist im Gleichgewicht. Zeichnerisches Kennzeichen: Krafteck geschlossen.

Dies liefert die Definition des Begriffes *Gleichgewicht*: Ein zentrales Kraftsystem ist im Gleichgewicht, wenn dessen Resultierende verschwindet (Bild 3).

---

[1] Als Krafteck oder Kräftepolygon bezeichnen wir also den Linienzug der Kräfte ohne die resultierende Kraft.

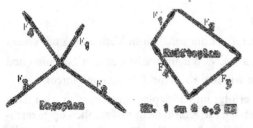

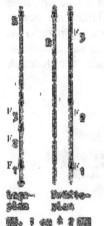

Bild 3
Dieses zentrale Kraftsystem befindet sich im Gleichgewicht

Sonderfall des ebenen zentralen Kraftsystems: Alle Kräfte haben die gleiche Wirkungslinie. Das Kräftepolygon entartet hier zu einer Geraden (Bild 4).

Ebenso, wie sich zwei Kräfte zu einer Resultierenden zusammenfassen lassen, lässt sich umgekehrt eine Kraft in zwei Komponenten zerlegen, deren Wirkungslinien sich auf der Wirkungslinie der gegebenen Kraft schneiden (Bild 5). Ein Vergleich der in Bild 5 ermittelten Komponenten F_a, F_b mit den Komponenten F_a, F_c zeigt, dass eine Kraft unendlich viele Komponenten in einer und derselben Richtung (hier a-a) haben kann. Die Angabe „F hat in Richtung a-a die Komponente F_a" oder „die Vertikal-Komponente von F beträgt $F_v = 2$ kN" beschreibt nicht eindeutig. Eindeutig sind die Angaben „F hat in Richtung a-a und b-b jeweils die Komponente F_a und F_b" und „die Vertikal/Horizontal-Komponenten von F betragen $F_v = 2$ kN und $F_h = 3$ kN".[2]

Bild 4
Alle Kräfte wirken entlang einer Linie

---

[2] In diesem Zusammenhang sei schon kurz auf eine ähnliche und doch ganz andere Fragestellung hingewiesen: Von einem Punkt P eines Tragwerkes sei eine resultierende Verschiebung S und deren Richtung 1 – 1 bekannt.

Die Frage „um wie viel verschiebt er sich in Richtung 2 – 2" kann eindeutig beantwortet werden: Um S_2.

Denn die „zweite Komponente" von S muss senkrecht zu 2 – 2 verlaufen, um ihrerseits keinen Beitrag in S_2 zu liefern.

Und umgekehrt: Von einem Punkt P eines Tragwerkes weiß man, dass er sich in Richtung 2 – 2 um S_2 verschiebt *und dabei* in Richtung 3 – 3 um S_3.

Wohin verschiebt er sich und um wie viel? Um S in Richtung 1 – 1

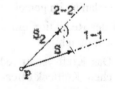

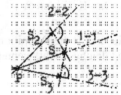

Die Zerlegung einer Kraft in drei oder mehr Komponenten, deren Wirkungslinien alle durch einen Punkt gehen, ist eindeutig nicht möglich. Diese Aufgabe hat unendlich viele Lösungen.

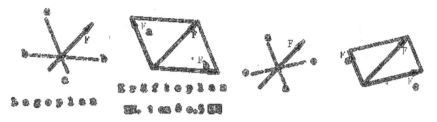

Bild 5 Zerlegung einer Kraft in 2 Komponenten

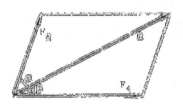

Bild 6
Zur analytischen Behandlung

1.2.1.2 Analytische Behandlung

Mit Hilfe der bekannten trigonometrischen Beziehungen werden die Ansätze für eine rechnerische Lösung leicht aus der zeichnerischen Lösung (Bild 6) abgeleitet.

Die Größe der Resultierenden, also deren Betrag, erhält man aus der Beziehung (Cosinussatz)

$$R = \sqrt{F_1^2 + F_2^2 - 2 \cdot F_1 \cdot F_2 \cdot \cos(180° - \alpha)} = \sqrt{F_1^2 + F_2^2 + 2 \cdot F_1 \cdot F_2 \cdot \cos\alpha}$$

Die Richtung der Resultierenden z. B. in Bezug auf die Richtung von F_1 ergibt sich aus der Beziehung (Sinussatz)

$$\frac{\sin\beta}{\sin(180° - \alpha)} = \frac{F_2}{R} \quad \text{zu} \quad \sin\beta = \frac{F_2}{R} \cdot \sin\alpha$$

Aus dieser Beziehung ergibt sich nicht eindeutig, ob der Winkel β kleiner oder größer als 90° ist. Wenn sich dies nicht zweifelsfrei aus der Anschauung ergibt, muss es durch nochmalige Anwendung des Cosinussatzes geklärt werden

$$\cos\beta = \frac{F_1^2 - F_2^2 + F^2}{2 \cdot F_1 \cdot R}.$$

Die angeführten Beziehungen vereinfachen sich, wenn F_1 und F_2 zueinander rechtwinklig liegen (Bild 7). Dann ergibt sich:

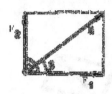

$$R = \sqrt{F_1^2 + F_2^2} \quad \text{und}$$

$$\tan \beta = \frac{F_2}{F_1} \quad \text{bzw.}$$

$$\sin \beta = \frac{F_2}{R}$$

Bild 7 Zur analytischen Behandlung

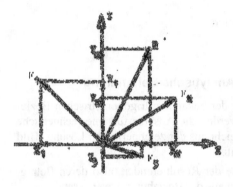

Bild 8
Verwendung orthogonaler Komponenten

Diese Vereinfachung macht man sich gern zunutze, wenn es um die Reduktion vieler Kräfte geht. Man wählt dann als Bezugssystem für die Rechnung ein kartesisches Koordinatensystem und bestimmt zunächst für jede Kraft ihre X- und Y-Komponente (Bild 8). Ist für jede Kraft ihr Betrag und der Winkel β zwischen ihrer Wirkungslinie (Richtung) und der positiven X-Achse bekannt, beispielsweise in der Form F_1 (3,2 kN, 120°), so ergeben sich diese Komponenten in der Form

$$X_i = F_i \cdot \cos \beta_i \quad \text{und} \quad Y_i = F_i \cdot \sin \beta_i$$

Die zwei Summen der beiden Komponenten liefern dann die (siehe auch Bild 4) Komponenten der Resultierenden in den entsprechenden Richtungen:

$$X_R = \sum X_i = \sum F_i \cdot \cos \beta_i \quad \text{und} \quad Y_R = \sum Y_i = \sum F_i \cdot \sin \beta_i$$

Die Komponenten der Resultierenden sind gleich den algebraischen Summen der jeweiligen Komponenten der einzelnen Kräfte des Systems.

Die Anwendung dieses Verfahrens wird durch Tabellenrechnung erleichtert.

1	2	3	4	5	6	7
i	F_i	β_i	$\cos \beta_i$	$F_i \cdot \cos \beta_i$	$\sin \beta_i$	$F_i \cdot \sin \beta_i$
./.	kN	./.	./.	kN	./.	kN
1						
2						
				$X_R = \sum X_i =$		$Y_R = \sum Y_i =$

1.2.2 Das zentrale räumliche Kraftsystem

Da die Kräfte des zentralen räumlichen Systems nicht mehr alle in einer Ebene liegen, sondern miteinander verschiedene Ebenen aufspannen, ist eine zeichnerische Lösung des Problems nicht angebracht. Dagegen ist die rechnerische Lösung nicht schwieriger als diejenige des ebenen Problems.

Kräfte eines (zentralen) räumlichen Kraftsystems sind entweder gegeben in der Form (Bild 10)

F (F_x, F_y, F_z) oder in der Form F zusammen

mit β_x, β_y, β_z.

Entsprechend erhält man die Komponenten der Resultierenden in den Formen

$$R_x = \sum F_{ix} \qquad\qquad R_x = \sum F_i \cdot \cos\beta_{ix}$$

$$R_y = \sum F_{iy} \text{ oder} \qquad R_y = \sum F_i \cdot \cos\beta_{iy}$$

$$R_z = \sum F_{iz} \qquad\qquad R_z = \sum F_i \cdot \cos\beta_{iz}$$

Die Größe ergibt sich zu

$$R = \sqrt{R_x^2 + R_y^2 + R_z^2}$$

Die Richtung von R ergibt sich aus

$$\cos\beta_x = R_x/R; \quad \cos\beta_y = R_y/R; \quad \cos\beta_z = R_z/R$$

Diese Winkel liegen, wie man sieht, in den Ebenen, die R jeweils mit den Achsen aufspannt.

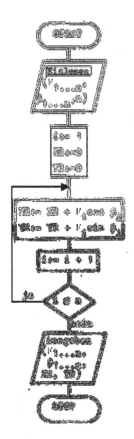

Bild 9 Ablaufplan zur Berechnung der Komponenten X_R und Y_R

Bild 10
Definition einer Kraft im Raum

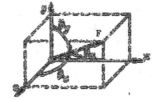 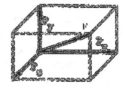

1.2.3 Gleichgewicht

Im Abschnitt 1.2.1.1 haben wir bereits den Begriff Gleichgewicht kennengelernt:

Ein zentrales Kraftsystem ist im Gleichgewicht, wenn dessen Resultierende verschwindet.

Diese Resultierende ergibt sich

beim ebenen zentralen Kraftsystem
z. B. in der Form

und beim räumlichen zentralen Kraftsystem z. B. in der Form

$$R = \sqrt{R_x^2 + R_y^2}$$

$$R = \sqrt{R_x^2 + R_y^2 + R_z^2}$$

Man sieht, dass R nur dann verschwindet, wenn alle Komponenten von R verschwinden. Wir können deshalb auch sagen:

Ein ebenes zentrales Kraftsystem ist im Gleichgewicht, wenn

$$R_x = \sum F_{ix} = 0 \quad \text{und} \quad R_y = \sum F_{iy} = 0.$$

Ein räumliches zentrales Kraftsystem ist im Gleichgewicht, wenn

$$R_x = \sum F_{ix} = 0; \quad R_y = \sum F_{iy} = 0 \quad \text{und} \quad R_z = \sum F_{iz} = 0.$$

Weil die Gültigkeit oder die Erfüllung der o.a. Gleichungen Bedingung ist für das Vorhandensein von Gleichgewicht, nennt man sie auch Gleichgewichtsbedingungen und schreibt kurz

$$\sum X = 0; \quad \sum Y = 0 \quad \text{und} \quad \sum Z = 0.$$

In der Praxis tritt nun häufig der Fall auf, dass nicht alle Kräfte des vorliegenden Kraftsystems bekannt sind. Es besteht dann aus Kräften bekannter Größe und Richtung und aus Kräften unbekannter Größe und/oder Richtung. Für den Fall, dass sich der diesem Kraftsystem unterliegende Körper im Zustand der Ruhe befindet, wissen wir, dass sich das vollständige Kraftsystem im Gleichgewicht befindet. Diese Tatsache können wir nun dazu verwenden, die fehlenden Daten einiger Kräfte zu bestimmen.

Wir nehmen sie als Unbekannte in die o.a. Gleichgewichtsbedingungen mit auf, die damit zu Bestimmungsgleichungen werden. Wie viele Unbekannte können wir auf diese Weise eindeutig bestimmen? Nun, wie wir wissen, kann mit je einer (Bestimmungs-) Gleichung eine Unbekannte bestimmt werden. Das macht beim ebenen zentralen Kraftsystem zwei, beim räumlichen zentralen Kraftsystem drei. Ob es sich bei diesen Unbekannten um (ausschließlich) Kräfte handelt oder um Kräfte und Winkel, ist gleichgültig. Wir zeigen zwei kleine Beispiele für das ebene zentrale Kraftsystem. Die beiden dargestellten Körper befinden sich unter der Einwirkung der dargestellten vollständigen Kraftsysteme in Ruhe. Aus dieser Tatsache sind die jeweils angegebenen unbekannten Größen zu berechnen.

Bestimmungsgleichungen

$\sum V = 0:$

$2{,}0 + 3{,}0 \cdot \sin 45^\circ - A_v = 0$

$\sum H = 0:$

$3{,}0 \cdot \cos 45^\circ - A_h = 0$

$\sum V = 0:$

$4{,}0 \cdot \sin 60^\circ - F \cdot \sin \alpha = 0$

$\sum H = 0:$

$4{,}0 \cdot \cos 60^\circ + F \cdot \cos \alpha - 6{,}0 = 0$

Lösung

$A_v = 4{,}12 \text{ kN}; \quad A_h = 2{,}12 \text{ kN}$

$F = 5{,}29 \text{ kN}; \; \alpha = 41{,}9^\circ$

1.3 Das allgemeine Kraftsystem

1.3.1 Das ebene allgemeine Kraftsystem

Wie schon eingangs erwähnt, liegt ein allgemeines ebenes Kraftsystem dann vor, wenn alle Kräfte zwar in der gleichen Ebene liegen, ihre Wirkungslinien sich jedoch nicht alle in einem Punkt schneiden.

Wir stellen uns wieder die Aufgabe, das Kraftsystem zu reduzieren, d. h. durch ein gleichwertiges (= äquivalentes) Kraftsystem zu ersetzen, das möglichst einfach ist. Wir werden ferner die hinreichenden, und notwendigen Bedingungen ermitteln, unter denen ein allgemeines ebenes Kraftsystem im Gleichgewicht ist. Vorausgesetzt sei bei allen Überlegungen, dass das Kraftsystem an einem starren Körper angreift. Dabei machen wir weiterhin Gebrauch von folgendem Satz:

Zwei Kraftsysteme bezeichnen wir als äquivalent (= gleichwertig), wenn sie durch – i. A. wiederholte – Anwendung der Konstruktion des Kräfteparallelogramms sowie durch Hinzufügen (oder auch Weglassen) von (je) zwei gleichgroßen und entgegengesetzt gerichteten Kräften derselben Wirkungslinie ineinander überführt werden können.

1.3.1.1 Zeichnerische Reduktion

Gewisse allgemeine ebene Kraftsysteme lassen sich aufgrund der Gültigkeit des Verschiebungssatzes mit Hilfe von Teilresultierenden reduzieren. Dabei geht man so vor, dass man zwei Kräfte des Systems, deren Wirkungslinien sich innerhalb der Zeichenebene schneiden, zu einer Teilresultierenden zusammen setzt, die in dem so entstandenen Schnittpunkt angreift. Diese Teilresultierende wird nun mit einer weiteren geeigneten Kraft des Systems zu einer neuen Teilresultierenden zusammengesetzt, was solange wiederholt wird, bis alle Kräfte berücksichtigt worden sind. Größe und Richtung der so entstandenen Gesamtresultierenden ergeben sich im Kräfteplan bzw. Krafteck; ihre Lage ist gegeben im Lageplan durch den Schnittpunkt der zuletzt verarbeiteten Kraft (oder deren Wirkungslinie) mit der Richtung der letzten Teilresultierenden (Bild 11).

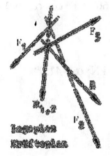 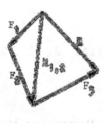

Bild 11 Reduktion eines allgemeinen Kraftsystems mit Hilfe von Zwischenresultierenden

Die oben dargestellte Methode der Reduktion wird umständlich, wenn die Schnittpunkte der Kräfte außerhalb des Zeichenblattes liegen. Sie versagt ganz, wenn die Kräfte des Systems einander parallel sind. Wir entwickeln deshalb eine zweite Methode zur Aufsuchung der Wirkungslinie der Resultierenden, die in jedem Fall zum Ziel führt (Bild 12).

Bei dieser Methode fügt man dem Kraftsystem zwei gleich große und entgegengesetzt gerichtete, aber sonst beliebige Kräfte K hinzu, die in einer und derselben Wirkungslinie liegen. Dadurch wird die Resultierende des Kraftsystems in keiner Weise beeinflusst. Wir suchen sie auf, indem wir die erste der hinzugefügten Kräfte K mit der ersten gegebenen Kraft F_1 zusammensetzen zur ersten Teilresultierenden, diese mit der nächsten gegebenen Kraft zusammensetzen usw., bis schließlich die letzte Teilresultierende mit der zweiten der hinzugefügten Kräfte K zur Gesamtresultierenden zusammengefügt wird, die dann im Schnittpunkt dieser Teilresultierenden und der zweiten hinzugefügten Kraft K wirkt.

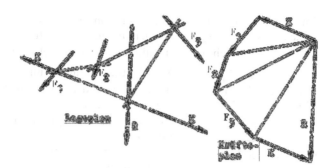

Bild 12
Zum Seileckverfahren

Es ergibt sich somit das folgende einfache Verfahren zur Aufsuchung der Resultierenden eines (allgemeinen ebenen Kraftsystems bestehend aus den Kräften F_1, F_2 ... F_n (Bild 13):

Zuerst zeichnet man für die F_i das Krafteck, aus dem sich bereits Größe und Richtung von R ergibt. Nun wählt man einen beliebigen Pol, und zieht von ihm die Verbindungslinien zu allen Anfangs- und Endpunkten der Kräfte, die Polstrahlen. Dann zeichnet man im Lageplan die Parallelen zu den Polstrahlen, die Seilstrahlen genannt werden, nach folgender aus der Abbildung abzulesender Regel: Wenn 2 Polstrahlen im Kräfteplan eine Kraft einschließen, dann schneiden sich die parallelen Seilstrahlen im Lageplan auf dieser Kraft. Nach derselben Regel ist dann der Schnittpunkt des ersten und letzten Seilstrahls ein Punkt der Wirkungslinie von R.

Da ein biegsames Seil, das mit den gegebenen Kräften belastet wird und in Richtung des ersten und letzten Seilstrahles an zwei Punkten befestigt ist, sich nach den Seilstrahlen einstellt, wurden die Begriffe Seilstrahl, Seileck und Seilpolygon gewählt.

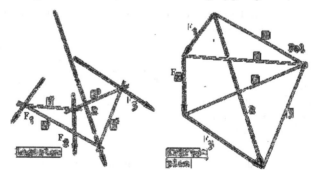

Bild 13
Ein allgemeines Kraft
System reduziert sich
auf eine Einzelkraft

Genau wie beim zentralen ebenen Kräftesystem gibt es auch im allgemeinen Kräftesystem Fälle, in denen die gegebenen Kräfte unter sich im Gleichgewicht sind.

Beim zentralen ebenen Kraftsystem war dafür das zeichnerische Kennzeichen, dass sich das Krafteck schloss. Ist dieses Kennzeichen auch beim allgemeinen ebenen

Kraftsystem als hinreichende Bedingung anzusehen? Zur Beantwortung dieser Frage betrachten wir das im Gleichgewicht befindliche Kraftsystem F_1 ... F_4 (Bild 14) und stellen fest, dass sich sowohl Krafteck als auch Seileck schließen.

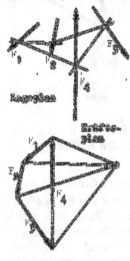

Verschieben wir nun F_4 im Lageplan um ein Stückchen nach rechts (Bild 15), so schließt sich das Krafteck immer noch, während das Seileck nun offen bleibt. Die Resultierende des Kraftsystems ist also null, ihr Angriffspunkt aber, der sich als Schnittpunkt des ersten und letzten Seilstrahles ergibt, liegt jedoch im Unendlichen. Um zu sehen, was das bedeutet, denken wir uns die drei Kräfte F_1, F_2 und F_3, durch deren Teilresultierende ersetzt, die genauso groß ist wie F_4 in entgegengesetzter Richtung wirkt und deren Wirkungslinie um ein gewisses Maß e gegen diejenige von F_4 versetzt ist. Unser Kraftsystem reduziert sich also auf ein Kräftepaar, das sich nicht weiter reduzieren lässt.

Wir können also bei der Reduktion eines allgemeinen ebenen Kraftsystems auf folgende drei Ergebnisse kommen:

a) Das Kraftsystem reduziert sich auf eine Einzelkraft: Zeichnerisches Kennzeichen: Krafteck und Seileck offen.

b) Das Kraftsystem reduziert sich auf ein Kräftepaar. Zeichnerisches Kennzeichen: Krafteck geschlossen;

Bild 14 Dieses allgemeine Kraftsystem befindet sich im Gleichgewicht

Seileck offen. Das Seileck kann im Endlichen nicht geschlossen werden.

c) Das Kraftsystem ist im Gleichgewicht. Zeichnerisches Kennzeichen: Krafteck und Seileck geschlossen.

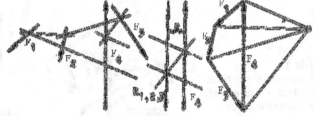

Bild 15
Ein allgemeines Kraft
System reduziert sich
auf ein Kräftepaar

Aus den bisherigen Ausführungen geht Folgendes hervor:

a) Zwei Kräfte sind dann und nur dann im Gleichgewicht, wenn sie gleich groß und entgegengesetzt gerichtet sind und in derselben Wirkungslinie liegen.

b) Drei Kräfte können nur dann im Gleichgewicht sein, wenn sich ihre Wirkungslinien in einem Punkt schneiden.

Die Bedingung b) ist für das Gleichgewicht von 3 Kräften notwendig, aber nicht hinreichend. Das Gleichgewicht ist erst dann gesichert, wenn sich außerdem noch das Krafteck der drei Kräfte schließt.

1.3.1.2 Moment einer Kraft und Moment eines Kräftepaares

Unter dem Moment einer Kraft in Bezug auf einen Punkt A versteht man das Produkt aus dem absoluten Betrag der Kraft und dem senkrechten Abstand des (Bezugs-) Punktes von der Wirkungslinie der Kraft (Bild 16). Ob man linksdrehende Momente oder rechtsdrehende (d. h. im Uhrzeigersinn drehende) Momente als positive Momente bezeichnet, ist Vereinbarungssache. Wir vereinbaren, linksdrehende Momente (i. A.) positiv zu nennen.[3] Sind mehrere Kräfte vorhanden, dann verstehen wir unter dem resultierenden Moment aller Kräfte um einen und denselben Punkt die algebraische Summe der Momente der einzelnen Kräfte um diesen Punkt.

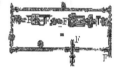

Bild 16 Moment einer Kraft   **Bild 17** Moment eines Kräftepaares

---

[3] Das hängt damit zusammen, dass wir im (dreidimensionalen) Raum mit dem nebenstehend dargestellten „rechtswendigen" Koordinatensystem X-Y-Z arbeiten. Dabei sind die Achsen so gerichtet, dass gilt:

a) Dreht man die positive X-Achse auf kürzestem Wege in die Richtung der positiven Y-Achse, dann weist der Drehvektor in Richtung der positiven Z-Achse.

b) Dreht man die positive Y-Achse auf kürzestem Wege in die Richtung der positiven Z-Achse, dann weist der Drehvektor in Richtung der positiven X-Achse.

c) Dreht man die positive Z-Achse auf kürzestem Wege in die Richtung der positiven X-Achse, dann weist der Drehvektor in Richtung der positiven Y-Achse.

Bei zeichnerischen Darstellungen einer Ebene legt man die Achsen in aller Regel so, dass die dritte – aus der Ebene senkrecht herauskommende – Achse auf den Betrachter zu gerichtet ist (und nicht von ihm fort).

Bei dreidimensionalen Darstellungen eines Körpers legt man die drei Achsen in aller Regel so, dass der Betrachter auf positive Flächen schaut (Bild).

Unter dem Moment eines Kräftepaares ist demnach das Produkt aus dem Betrag einer Kraft und dem senkrechten Abstand beider Kräfte voneinander zu verstehen (Bild 17), Dieses Moment ist unabhängig von der Lage irgendeines Bezugspunktes. Es ist für alle Bezugspunkte gleich groß. Daraus folgt:

Verschiebungssatz für Kräftepaare: Ein Kräftepaar darf in seiner Ebene beliebig verdreht oder verschoben werden.

Äquivalenz von Kräftepaaren: Kräftepaare, die das gleiche Moment haben, sind gleichwertig. Oder: Gleichwertige Kräftepaare haben das gleiche Moment.

Addition von Kräftepaaren: Beliebig viele Kräftepaare können durch ein einziges ersetzt werden, dessen Moment gleich der algebraischen Summe der Momente der einzelnen Kräftepaare ist.

Als letztes haben wir noch die Frage zu untersuchen, wie ein Kräftepaar und eine Einzelkraft reduziert werden kann.

Wir betrachten dazu das gegebene Kräftepaar F – F mit dem Moment $M = F \cdot e$ und die gegebene Einzelkraft K (Bild 18).

Bild 18
Reduktion von Kräfte-
paar + Einzelkraft

Das Kräftepaar F – F verwandeln wir in ein Kräftepaar K – K (das das gleiche Moment $M = F \cdot e$ liefert) mit dem Abstand b, der sich ergibt aus

$$F \cdot e = K \cdot b \qquad \text{zu} \qquad b = e \cdot \frac{F}{K} = \frac{M}{K}$$

Wir verschieben es nun in die im Bild gezeigte Lage, wobei sich die beiden in Punkt A angreifenden Kräfte gegenseitig aufheben. Übrig bleibt nur eine Einzelkraft K, die gegenüber der ursprünglich gegebenen um das Stück b parallel verschoben ist. Wir stellen fest:

Ein Kraftsystem, bestehend aus einer Einzelkraft und einem Kräftepaar, lässt sich reduzieren auf eine parallel verschobene Einzelkraft. Umgekehrt: Die Parallelverschiebung einer Kraft erfordert die Hinzunahme eines Kräftepaares (genannt: Versetzungsmoment).

1.3.1.3 Rechnerische Reduktion

Für die rechnerische Reduktion des allgemeinen ebenen Kraftsystems überziehen wir die Ebene, in der die n gegebenen Kräfte wirken, mit einem Koordinaten-Netz x,

y^4 und zerlegen alle Kräfte (Bild 19) in Richtung der Netzlinien in ihre Komponenten.

Dann ist

$$X_i = F_i \cdot \cos \measuredangle (x, F_i) \quad \text{und} \quad Y_i = F_i \cdot \sin \measuredangle (x, F_i)$$

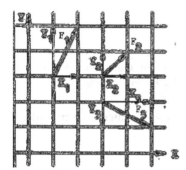 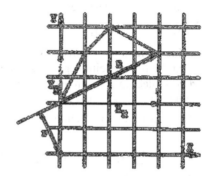

Bild 19 Zur rechnerischen Reduktion eines allgemeinen Kraftsystems

Mit Hilfe dieser Komponenten ermitteln wir die Komponenten der Resultierenden:

$$X_R = \sum X_i \quad \text{und} \quad Y_R = \sum Y_i$$

Hieraus kann unmittelbar die Größe der Resultierenden errechnet werden:

$$R = \sqrt{X_R^2 + Y_R^2}$$

Wir können auch die Richtung der Resultierenden bestimmen. Der von R und der positiven x-Achse eingeschlossene Winkel $\measuredangle (x, R)$ ergibt sich in der Form

$$\sin \measuredangle (x, R) = \frac{Y_R}{R}; \cos \measuredangle (x, R) = \frac{X_R}{R} \quad \text{oder} \quad \tan \measuredangle (x, R) = \frac{Y_R}{X_R}$$

Wenn man die Komponenten von R hier ohne deren Vorzeichen einsetzt, sie also stets positiv in die obigen Ausdrücke einführt, so erhält man stets einen Winkel zwischen 0 und 90° und muss aus der Anschauung bestimmen, in welchem Quadranten der Winkel liegt.

Führt man die Komponenten mit ihren Vorzeichen in die obigen Ausdrücke ein, so ergibt sich der Winkel $\measuredangle (x, R)$ dann eindeutig, wenn neben seinem Tangens noch sein Sinus oder Cosinus ausgerechnet wird.

---

[4] Wird hierbei ein Maßstab verwendet, so kann und wird dieser Längenmaßstab i. A. verschieden sein vom gewählten Maßstab der Kräfte.

Als Letztes müssen wir noch die Wirkungslinie von R bestimmen. Diese erhalten wir aus der Bedingung, dass die Summe der Momente der gegebenen n Kräfte um jeden beliebigen Punkt gleich dem Moment der Resultierenden um diesen Punkt sein muss. Indem wir anstelle der gegebenen Kräfte deren Komponenten in den Achsenrichtungen nehmen und als Bezugspunkt – als sogenannten Reduktionspunkt – den Koordinatenursprung 0 wählen, erhalten wir

$$r \cdot R = \sum Y_i \cdot x_i - \sum X_i \cdot y_i$$

Liefert die rechte Seite einen positiven Wert, so dreht R entgegen dem Uhrzeigersinn um 0; wird die rechte Seite negativ, so dreht R im Uhrzeigersinn um 0. Dementsprechend verschiebt man R um den Betrag r parallel zu seiner Richtung aus dem Reduktionspunkt heraus und erhält so seine Wirkungslinie.

Eleganter ist es, anstelle der Resultierenden deren Komponenten zu verwenden. Dann ist

$$Y_R \cdot x - X_R \cdot y = \sum (Y_i \cdot x_i - X_i \cdot y_i) = \sum M_i = M$$

Man erhält also eine Gleichung der Form $y = a \cdot x + b$, die Gleichung einer Geraden. Diese Gerade ist der geometrische Ort aller Angriffspunkte von X_R und Y_R, also die Wirkungslinie von R.

Die in Abschnitt 1.3.1.1 genannten 3 möglichen Reduktionsergebnisse können wir nun analytisch erkennen:

a) Das Kraftsystem reduziert sich auf eine Einzelkraft. Dann ist mindestens einer der Ausdrücke $\sum X_i$ und $\sum Y_i$ von Null verschieden. Der Wert $M = \sum M_i$ hängt von der Lage des Reduktionspunktes ab.

b) Das Kraftsystem reduziert sich auf ein Kräftepaar. Dann ist $\sum X_i = \sum Y_i = 0$ und $M = \sum M_i \neq 0$. M ist unabhängig von der Lage des Reduktionspunktes.

c) Das Kraftsystem ist im Gleichgewicht.
   Dann sind $\sum X_i = 0$, $\sum Y_i = 0$ und $\sum M_i = 0$.

Die letzte Gleichung muss für jeden beliebigen Punkt erfüllt sein.

1.3.1.4 Gleichgewicht

Der Fall des Gleichgewichts ist für unsere weiteren Überlegungen der wichtigste:

Ein starrer Körper ist unter dem Einfluss eines allgemeinen ebenen Kraftsystems im Gleichgewicht, wenn die folgenden drei Bedingungen erfüllt sind:

1. Die Summe der x-Komponenten aller Kräfte ist gleich Null.

2. Die Summe der y-Komponenten aller Kräfte ist gleich Null.

3. Die Summe der Momente aller Kräfte in Bezug auf einen beliebigen Punkt ist gleich Null.

Diese Bedingungen heißen die drei statischen Gleichgewichtsbedingungen des starren Körpers in der Ebene.

Die Bedingungen 1. und 2. können auch durch drei Bedingungen der Form 3. ersetzt werden. Dabei ist zu beachten, dass die drei benutzten Bezugspunkte nicht auf einer Geraden liegen, wie die folgende Überlegung zeigt.

Ergibt sich die Summe der Momente aller Kräfte eines gegebenen Kraftsystems um einen ersten Bezugspunkt zu Null, so ist das Kraftsystem entweder im Gleichgewicht oder es reduziert sich auf eine Kraft R, deren Wirkungslinie in beliebiger Richtung durch diesen Punkt geht.

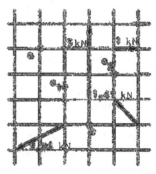

Ergibt sich die Summe der Momente der Kräfte des Kraftsystems um einen zweiten Bezugspunkt zu Null, so ist das Kraftsystem entweder im Gleichgewicht oder es reduziert sich auf eine Kraft R, deren Wirkungslinie durch beide Bezugspunkte verläuft.

Bild 20 Zur Wahl der Bezugspunkte

Wir betrachten nun die beiden Möglichkeiten getrennt:

1. Möglichkeit: Das Kraftsystem ist im Gleichgewicht. Die Summe der Momente aller Kräfte des Kraftsystems verschwindet für jeden beliebigen Bezugspunkt (bzw. unabhängig davon, ob der Bezugspunkt auf der Verbindungslinie der beiden zuerst benutzten Bezugspunkte liegt oder nicht.

2. Möglichkeit: Das Kraftsystem reduziert sich auf eine Kraft R, deren Wirkungslinie durch beide zuerst benutzten Bezugspunkte verläuft. In diesem Fall verschwindet die Summe der Momente aller Kräfte des Kraftsystems[5] dann, wenn der (dritte Momenten-) Bezugspunkt auf einer Geraden durch die beiden zuerst benutzten Bezugspunkte liegt. Liegt der (dritte Momenten-) Bezugspunkt nicht auf dieser Geraden, dann verschwindet die Momentensumme nicht.

---

[5] Diese Momentensumme ist gleich dem Moment der Reduktionskraft um den gleichen Reduktionspunkt.

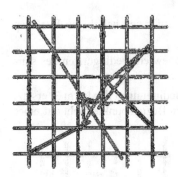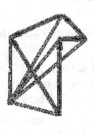

Bild 21 Lage der Reduktionskraft

Mit anderen Worten: Der Wert der dritten Momentensumme eines sich in Gleichgewicht befindenden Kraftsystems unterscheidet sich nur dann von Wert der dritten
Momentensumme eines sich nicht im Gleichgewicht befindenden Kraftsystems,
wenn die Momente dieser Summen um einem Bezugspunkt gebildet wurden, der
nicht auf einer Geraden durch die beiden ersten Bezugspunkte liegt. Aus diesem
Grunde muss der dritte Bezugspunkt stets „außerhalb" der Geraden durch die beiden
ersten Bezugspunkte liegen. Wir zeigen hierzu ein kleines Beispiel (Bild 20). Gegeben sei das dargestellte Kraftsystem. Als ersten Bezugspunkt wählen wir Punkt a. Es
ergibt sich (die Hebelarme der einzelnen Kräfte lassen sich aus der Zeichnung ab-
greifen)

$$\sum M_a = -2{,}24 \cdot 3{,}13 + 3 \cdot 2{,}00 + 1{,}41 \cdot 0{,}71 + 1 \cdot 0{,}00 = 0$$

Als zweiten Bezugspunkt wählen wir Punkt b. Es ergibt sich

$$\sum M_b = +2{,}24 \cdot 0{,}45 + 3 \cdot 0{,}00 + 1{,}41 \cdot 1{,}41 - 1 \cdot 3{,}00 = 0$$

Als dritten Bezugspunkt wählen wir

1. Punkt c_1, der auf der Geraden durch a und b liegt:

$$\sum M_{c1} = -2{,}24 \cdot 1{,}34 + 3 \cdot 1{,}00 + 1{,}41 \cdot 1{,}06 - 1 \cdot 1{,}50 = 0$$

2. Punkt c_2, der „außerhalb" dieser Geraden liegt:

$$\sum M_{c2} = -2{,}24 \cdot 0{,}89 - 3 \cdot 1{,}00 - 1 \cdot 1{,}00 - 1{,}41 \cdot 0{,}71 = -7{,}0$$

Wir sehen: Erst die Summe der Momente um c_2 zeigt, dass das gegebene Kraftsystem nicht im Gleichgewicht ist. Es muss sich reduzieren lassen auf eine Kraft R,
deren Wirkungslinie durch die Bezugspunkte a und b geht. Die nachfolgend gezeigte
zeichnerische Reduktion (Bild 21) bestätigt diese Vermutung.

Damit wäre diese Betrachtung abgeschlossen. Wir bedenken jedoch auch dieses:
Hätten wir als dritte Gleichgewichtsbedingung die Summe aller Kräfte in irgendei-

ner Richtung angeschrieben, so hätte sich diese Summe zu Null ergeben, wenn die gewählte Richtung senkrecht zur Verbindungslinie von a und b verlaufen wäre.[6] Bei jeder anderen Richtung hätte diese Summe einen von Null verschiedenen Wert ergeben, sodass sich der Status des Kraftsystems sofort gezeigt hätte.

Es ist auch folgendes zu beachten: Wählt man die drei Gleichgewichtsbedingungen $\sum M_a = 0$, $\sum M_b = 0$ und $\sum K_z = 0$ so darf die Richtung z nicht senkrecht auf der Verbindungslinie von a und b stehen.

Ebenso wie bei Kraftgruppen des zentralen Kraftsystems gibt es auch beim allgemeinen Kraftsystem Fälle, in denen nicht alle Kräfte des Systems bekannt sind. Wird festgestellt, dass der diesem Kraftsystem unterworfene Körper im Zustand der Ruhe[7] verharrt, so weiß man, dass das vollständige Kraftsystem ein Gleichgewichtssystem ist. Die drei o. a. Gleichgewichtsbedingungen müssen dann von diesem Kraftsystem erfüllt werden, wenn alle zu ihm gehörenden Kräfte berücksichtigt werden. Mit ihm lassen sich dann, wie wir früher gesehen haben, drei unbekannte Kräfte oder auch andere Größen eindeutig bestimmen.[8]

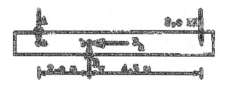

Bild 22
Zur Anwendung der Gleichgewichtsbedingungen

Wir zeigen dazu ein kleines Beispiel (Bild 22).Der dargestellte (frei im Raum schwebende) Körper befinde sich unter der Einwirkung der dargestellten Kräfte in Ruhe. Unbekannt seien die Werte der Kräfte A, B_v und B_h. Sie lassen sich bestimmen aus etwa diesen drei Gleichgewichtsbedingungen:

$$\sum V = 0: \quad A + 2{,}0 - B_v = 0$$

$$\sum H = 0: \quad B_h = 0$$

Die Lösung lautet $A = 4{,}5 \text{ kN}$, $\begin{matrix} B_v = 6{,}5 \text{ kN} \\ B_h = 0 \end{matrix}$

$$\sum M_b = 0: \quad A \cdot 2{,}00 - 2 \cdot 4{,}50 = 0$$

---

[6] Die reduzierte Kraft R hat keine Komponente in dieser Richtung.

[7] Es müsste hinzugefügt werden „oder der gleichförmigen Bewegung".
   Dieser Zustand ist jedoch für den Statiker praktisch ohne Bedeutung.

[8] Sind mehr als 3 unbekannte Größen vorhanden, so ist das Problem mehrdeutig. Es können dann unendlich viele Lösungen angegeben werden.

Natürlich können auch andere Gleichgewichtsbedingungen gewählt werden, etwa $\sum M_a = 0$, $\sum M_b = 0$ und $\sum H = 0$. Stets sind jedoch drei Gleichungen unabhängig voneinander, während eine vierte, fünfte usw. sich als Linearkombination dieser drei Gleichungen bilden lässt und damit keine neue mechanische Aussage liefert.[9]

Wir erwähnen noch, dass man die vorliegende Aufgabe auch experimentell lösen kann. Würde man einen Waagebalken der gegebenen Abmessungen in Punkt b unterstützen, so könnte man die Last in Punkt a nach und nach solange steigern, bis sie der angreifenden Last F das Gleichgewicht hält. Man könnte dann den Waagebalken in Punkt a unterstützen und analog mit B_v verfahren, etwa unter Verwendung einer oberhalb angebrachten Umlenkrolle. Wir haben oben gesagt: „bis sie der angreifenden Last F das Gleichgewicht hält " Woran. ż. B. könnte man das erkennen? Indem man etwa während der Laststeigerung den Körper arretiert (ihn also in der Ruhe hält) und die Arretierung dann löst.

Verschwindet die Summe der Momente um den Punkt b nicht, so wird der Körper durch das resultierende Moment in Drehung um diesen Punkt versetzt; verschwindet sie aber, dann bleibt er auch nach dem Lösen der Arretierung in Ruhe. Es sei noch bemerkt, dass das Ergebnis des Experimentes nur dann mit dem oben errechneten Ergebnis übereinstimmen würde, wenn der Waagebalken gewichtslos wäre. Wäre sein Eigengewicht so gering gegenüber den wirkenden Einzellasten, dass es im Vergleich zu denen vernachlässigt werden könnte, so würden sich die Ergebnisse beider Untersuchungen kaum voneinander unterscheiden.

1.3.1.5 Zerlegung von Kräften

Das Zerlegen von Kräften stellt die Umkehrung des Zusammensetzens von Kräften dar. Jede praktische Aufgabe beinhaltet i. A. beides.

Die Zerlegung einer Kraft F in Richtung zweier Wirkungslinien ist nur dann möglich, wenn sich diese Wirkungslinien auf der Wirkungslinie von F schneiden. Wir haben diese Frage bereits in Abschnitt 1.2.1.1 behandelt. Diese Bedingung schließt nicht aus eine Zerlegung von F in Richtung von zwei zu F parallelen Wirkungslinien, denn alle Parallelen schneiden sich ja bekanntlich im Unendlichen. Die graphische Behandlung dieser Frage ist in Bild 23 angegeben und bedarf wohl keiner Erläuterung. Soll nun eine Kraft F durch drei Kräfte F_1, F_2 und, F_3 ersetzt werden, die auf vorgegebenen Wirkungslinien g_1, g_2 und g_3, liegen, so ist diese Aufgabe nur dann eindeutig lösbar, wenn sich g_1, g_2 und g_3 nicht in einem Punkt schneiden (sie

---

[9] Sie lässt sich damit auch nicht zur Bestimmung einer vierten, fünften usw. Unbekannten verwenden, sondern kann nur als Kontrollgleichung benutzt werden.

dürfen sich also auch nicht im Unendlichen schneiden).
Die zeichnerische Lösung des Problems ist einfach und
wird in Bild 24 gezeigt.

Im Schnittpunkt S_1 von F mit g_1 zerlegen wir F in F_1
und eine Zwischenresultierende F_{23} in Richtung der
Verbindungslinie von S_1 und M_{23}. Diese Zwischenresultierende wird dann nach M_{23} verschoben und dort in
Richtung von g_2 und g_3, zerlegt.

Man kann natürlich genauso gut mit der Zerlegung in
S_2 beginnen oder in S_3; im Einzelnen wird diese Frage
von der Geometrie entschieden. Dieses Verfahren ist –
wie man sieht – die Umkehrung der in Abschnitt
1.3.1.1 gezeigten Methode der wiederholten Zusammensetzung von Kräften.

Bild 23
Zerlegung einer Kraft in
zwei zu ihr parallele
Komponenten

Analytisch macht das Ersetzen einer
Kraft F durch 2 parallele Kräfte F_1 und
F_2 oder durch drei einander nicht parallele Kräfte F_1, F_2 und F_3 keine
Schwierigkeiten. Da das gesuchte
Kraftsystem dem gegebenen Kraftsystem (aus F bestehend) äquivalent sein
soll, müssen sowohl die Kraftkomponenten beider Systeme in zwei beliebigen Richtungen als auch deren Momente um einen beliebigen Punkt einander gleich sein. Man legt bei Be-
nutzung der letzten Bedingung den
Bezugspunkt vorteilhaft auf die Wirkungslinie einer Kraft und sogar auf
die Wirkungslinien zweier Kräfte, also
in den Schnittpunkt dieser Wirkungslinien. Dann liefern die auf diesen Li-

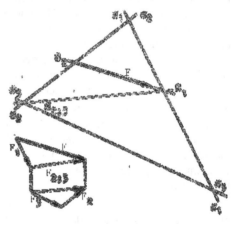

Bild 24
Zerlegung einer Kraft in drei Komponenten

nien liegenden Kräfte keinen Beitrag zum Moment, was die Rechenarbeit u. U. erheb-
lich erleichtert.

Fügen wir auf den Wirkungslinien neue Kräfte hinzu, die gleich groß und entgegengesetzt gerichtet sind wie die ermittelten Kräfte F_i, so ist das Kraftsystem dann im
Gleichgewicht.

1.3.2 Das räumliche allgemeine Kraftsystem

Die Zerlegung und Zusammensetzung von räumlich wirkenden Kräften haben wir schon bei der Behandlung des zentralen räumlichen Kraftsystems gesehen.

Hier kommt neu hinzu die Zerlegung und Zusammensetzung von räumlich wirkenden Momenten (bzw. von Momenten im Raum). Aus Gründen der einfachen Darstellung zeigen wir die Zerlegung eines Momentes, das nur in 2 der 3 gewählten Ebenen Komponenten hat. Senkrecht zur X-Y-Ebene wirken in den beiden Punkten a und b zwei gleichgroße und entgegengesetzt gerichtete Kräfte $F = 1$ kN, die ein Moment von der Größe $M = 1 \cdot a$ kNm bilden. Dieses Moment wirkt in derjenigen senkrecht zur x-y-Ebene angeordneten Ebene, die die Punkte a und b enthält. Nach Größe und Richtung kann es dargestellt werden durch einen entsprechenden Momentenpfeil. Man sieht unmittelbar, dass das Kräftepaar in a und b in der x-z-Ebene (z-Achse senkrecht zur x-y-Ebene) die Komponente $M_1 = c$ kNm liefert und in der y-z-Ebene die

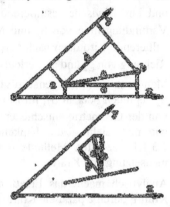

Bild 25
Zerlegung eines Momentes

Komponente $M_2 = b$ kNm. Diese Komponenten ergeben sich also nicht durch Zeichnung einer Art „Momentenparallelogramm", sondern dadurch, dass, wie dargestellt, Lote gefällt werden auf entsprechenden Ebenen. Nachdem im Raum wirkende Momente und Kräfte in Komponenten in Ebenen zerlegt werden können, kann das Problem des allgemeinen räumlichen Kraftsystems grundsätzlich als geklärt angesehen werden.

Wir erwähnen abschließend, dass ein im Gleichgewicht befindliches räumliches allgemeines Kraftsystem 6 Gleichgewichtsbedingungen erfüllt:

Die Summen aller Kraftkomponenten im Richtung von 3 Achsen müssen einzeln verschwinden ($\sum X = \sum Y = \sum Z = 0$). Die Summen der Momente aller Kräfte um 3 Achsen müssen einzeln verschwinden ($\sum M_x = 0$, $\sum M_y = 0$, $\sum M_z = 0$). Die 3 Bezugsachsen x, y und z, dürfen nicht in einer Ebene liegen.

Zusammenfassung von Kapitel 1

Die Betrachtung des Stoffes dieses Kapitels zeigt, dass immer wieder zwei Aufgaben zu lösen sind:

1. Die eindeutige Zusammensetzung mehrerer Kräfte zu einer Resultierenden bzw. die eindeutige Zerlegung einer Kraft in Teilkräfte (Komponenten). Mit anderen Worten: Ein gegebenes Kraftsystem wird durch ein äquivalentes Kraftsystem ersetzt.

2. Die Herstellung von Gleichgewicht. Mit anderen Worten: Gegebene Kräfte werden zu einem vollständigen Kraftsystem ergänzt.

Die Lösung der ersten Aufgabe macht keine Schwierigkeiten. Hier werden im Wesentlichen Methoden und Verfahren angegeben. Eine wichtige Erkenntnis ist: Beim allgemeinen Kraftsystem tritt neben der Kraft ein zweiter Elementar-Baustein auf: Das Kräftepaar oder das Moment.

Bei der Lösung der zweiten Aufgabe tritt neu das Phänomen Gleichgewicht auf. Warum legen wir so großen Wert auf Gleichgewicht und wieso können wir zu einem System gegebener Kräfte neue Kräfte hinzufügen und dadurch Gleichgewicht herstellen?

Wenn auch in diesem Kapitel noch keine Tragwerke in Erscheinung treten, so betreiben wir hier doch die Statik als Statik der Tragwerke. Ein Tragwerk aber erfährt unter der Wirkung von Kräften F ebenso wie jeder andere Körper eine Beschleunigung a proportional der Resultierenden (Vektorsumme) dieser Kräfte, entsprechend dem zweiten Axiom der Mechanik $\vec{F} = m \cdot \vec{a}$.

Da wir fordern müssen, dass unsere Bauwerke unter der Wirkung der auf sie entfallenden Kräfte in Ruhe bleiben und sich nicht in Bewegung setzen, muss also ihre Beschleunigung grundsätzlich den Wert Null haben. Entsprechend muss die Resultierende aller angreifenden Kräfte verschwinden. Nun setzt sich, wie wir noch sehen werden, das System aller auf ein Tragwerk wirkenden Kräfte zusammen aus den gegebenen Lasten und den nicht gegebenen Stützkräften. Letztere können daher unter bestimmten Bedingungen aus der Forderung nach Gleichgewicht bestimmt werden.

2 Stützgrößen statisch bestimmter Stabtragwerke

Wir kommen nun von den Kräften zu den Konstruktionen oder Werken, die sie tragen: zu den Tragwerken. Was ist ein Tragwerk und was ist ein Bauwerk? Ein Tragwerk ist eine statische Einheit, ein Bauwerk besteht statisch i. A. aus mehreren Tragwerken. Beim statischen Entwurf eines Bauwerks setzen wir dieses also aus einzelnen Tragwerken zusammen. Dabei wird es fast immer so sein, dass ein Tragwerk sich auf einem anderen etwa tieferliegenden Tragwerk abstützt und gleichzeitig selbst ein etwa höher liegendes Tragwerk stützt; mit anderen Worten: Es wird von anderen Tragwerken belastet und belastet selbst andere Tragwerke.

Wir wollen deshalb in diesem Kapitel die verschiedenen Tragwerke kennenlernen und diejenigen Kräfte bzw. Momente bestimmen, die sie infolge angreifender Lasten auf stützende Bauteile bzw. Widerlager – wir sprechen gesamtheitlich von Auflagern – ausüben.

Das 3. Axiom der Mechanik besagt nun, dass ein Auflager auf ein Tragwerk eine Kraft ausübt, die betragsmäßig gleich und entgegengesetzt gerichtet ist derjenigen Kraft, die das Tragwerk auf das Auflager ausübt. Die erste wollen wir Stützkraft nennen und die zweite Auflagerkraft. Diese Stützkräfte wollen wir nun bestimmen. Zusammen mit den angreifenden Kräften eines Tragwerks bilden die stützenden Kräfte ein vollständiges Kraftsystem. Dieses vollständige Kraftsystem muss nun, wie wir früher gesehen haben, im Gleichgewicht sein, damit das Tragwerk unter der Wirkung seiner Kräfte in Ruhe bleibt.

Wie aus dieser Forderung die Stützkräfte bzw. Stützgrößen der verschiedenen Tragwerke bestimmt werden, zeigen die folgenden Ausführungen.

2.1 Der Pendelstab

Nehmen wir an, in einem Punkt a wirke die Last F (Bild 26). Sie soll durch ein möglichst einfaches Tragwerk übertragen werden in den festen Körper K. Als Tragwerk wählen wir einen Stab, der durch ein Gelenk [10] an den Körper K angeschlossen wird: Einen Pendelstab.

Wir gehen nun an die Berechnung der dabei auftretenden Stützkräfte. Bevor wir sie berechnen können, müssen wir festlegen, auf welches Koordinatensystem wir sie beziehen wollen. Wir wählen das Koordinatensystem aus Abschnitt 1.3.1.3 mit den Komponenten X und Y. Da es sich eingebürgert hat, Stützkräfte mit A, B, C usw. zu

---

[10] Realisiert etwa durch einen einzelnen Bolzen.

bezeichnen, wollen wir sie mit A_v und A_h bezeichnen. Gleichgewicht herrscht, wie wir wissen, wenn die Kräfte A_v und A_h etwa die Summe der Komponenten in zwei Richtungen aller am System[11] wirkenden Kräfte zu Null machen ebenso wie die Summe der Momente all dieser Kräfte um jeden beliebigen Punkt.

Zur Bestimmung der beiden Unbekannten A_v und A_h brauchen wir nur 2 der 3 sich daraus ergebenden voneinander unabhängigen Gleichungen anzuschreiben. Die dritte kann zu Kontrollzwecken verwendet werden. Welche wir dabei als Bestimmungsgleichungen verwenden und welche als Kontrollgleichung, bleibt uns überlassen. Wir bestimmen A_v und A_h aus den Gleichungen

Bild 26
Der Pendelstab

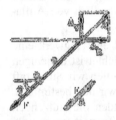

$$\sum V = 0: \quad A_v - F \cdot \sin \gamma = 0 \rightarrow A_v = F \cdot \sin \gamma$$

$$\sum H = 0: \quad A_h - F \cdot \cos \gamma = 0 \rightarrow A_h = F \cdot \cos \gamma$$

und kontrollieren das Ergebnis durch

$$\sum M_a = 0: \quad F \cdot \sin \gamma \cdot s \cdot \cos \gamma - F \cdot \cos \gamma \cdot s \sin \gamma = 0$$

Zunächst stellen wir fest, dass die Komponenten A_v und A_h der Last F direkt proportional sind. Bestimmung der Die Wirkungslinie der resultierenden Auflagerkraft

Bild 27
Bestimmung der Stützkraft

$$A = \sqrt{A_v^2 + A_h^2} = F \cdot \sqrt{\sin^2 \gamma + \cos^2 \gamma} = F$$

fällt wegen $\dfrac{A_v}{A_h} = \tan \gamma$ stets zusammen mit der Stabrichtung. Diese Erkenntnis benutzen wir und setzen in einer Kontroll-Rechnung die resultierende Auflagerkraft A sofort in Stabrichtung an. Wir erhalten dann $\sum K_z = 0: A - F = 0 \rightarrow A = F$.

Graphisch lösen wir die Aufgabe leicht durch Zeichnen des Kraftecks (Zentrales Kraftsystem).

---

[11] Das Tragwerk mit den darauf einwirkenden Kräften bezeichnen wir als „statisches System" oder kurz „System".

2.2 Der Stab-Zweischlag

Wir ändern Form und Lage des Verankerungskörpers in der nebenstehend gezeigten
Weise (Bild 28): Welches Tragwerk würden wir nun wählen?

Kräfteplan

Bild 28 Der Stabzweischlag

Vermutlich den skizzierten Zweischlag. Beim Ansetzen der noch unbekannten
Stützkräfte helfen uns unsere bisherigen Überlegungen: Wir setzen die resultierenden Stützkräfte in Richtung der anschließenden Stäbe an. Bestimmt werden sie etwa
mit Hilfe der Gleichgewichtsbedingungen

$$\sum V = 0: \quad F \cdot \sin \gamma - A \cdot \cos \alpha - B \cdot \cos \beta = 0 \;\rightarrow\; A = F \cdot \frac{\sin \gamma}{\cos \alpha} - B \cdot \frac{\cos \beta}{\cos \alpha}$$

$$\sum H = 0: \quad F \cdot \cos \gamma - A \cdot \sin \alpha + B \cdot \sin \beta = 0 \;\rightarrow\; A = F \cdot \frac{\cos \gamma}{\sin \alpha} + B \cdot \frac{\sin \beta}{\sin \alpha}$$

Wir setzen die beiden Ausdrücke für A gleich und erhalten nach Umstellung der
Ausdrücke und Multiplikation beider Seiten mit dem Faktor $\sin \alpha \cdot \cos \alpha$

$$B \cdot (\sin \alpha \cdot \cos \beta + \cos \alpha \cdot \sin \beta) = F \cdot (\sin \alpha \cdot \sin \gamma - \cos \alpha \cdot \cos \gamma).$$

Daraus ergibt sich $$B = - \; F \cdot \frac{\cos(\gamma + \alpha)}{\sin(\alpha + \beta)}$$

entsprechend erhalten wir $$A = \quad F \cdot \frac{\cos(\gamma - \beta)}{\sin(\alpha + \beta)}$$

wenn wir etwa die Gleichungen nach B auflösen und gleichsetzen.[12]

---

[12] Natürlich hätten wir auch andere Bestimmungsgleichungen benutzen können. Die Gleichungen $\sum M_a = 0$ und $\sum M_b = 0$ z.B. hätten zwei entkoppelte Gleichungen geliefert, die
sich natürlich wesentlich leichter auflösen lassen. Dafür wäre ihre Aufstellung etwas müh-
samer gewesen.

Sehr einfach ist auch die graphische Lösung, da es sich auch hier um ein zentrales (ebenes) Kraftsystem handelt. Ist die Last F zahlenmäßig gegeben, dann kann man bei Wahl eines geeigneten Maßstabes die Größe der Kräfte A und B unmittelbar ablesen. Wir können jedoch dem Kräfteparallelogramm auch deren allgemeine Werte entnehmen. Der Sinussatz liefert

$$\frac{A}{\sin(90-(\beta-\gamma))} = \frac{F}{\sin(\alpha+\beta)} \quad \to \quad A = F \cdot \frac{\cos(\beta-\gamma)}{\sin(\alpha+\beta)}$$

$$\frac{-B}{\sin(90-(\alpha+\gamma))} = \frac{F}{\sin(\alpha+\beta)} \quad \to \quad B = -F \cdot \frac{\cos(\alpha+\gamma)}{\sin(\alpha+\beta)}$$

Das Ergebnis stimmt also mit dem oben errechneten überein. An der Zeichnung fällt auf, dass die eine Kraft mit $-B$ bezeichnet wurde. Das verhält sich so: beim Zeichnen des Kraftecks stellt sich heraus, dass Gleichgewicht nur mit einer nach rechts unten gerichteten (B) Kraft erzeugt werden kann. Da wir die Auflagerkraft B positiv definiert haben in der entgegengesetzten Richtung, müssen wir diesen Kraftvektor negativ in die Rechnung einführen.

Wir diskutieren das Ergebnis kurz. Wie man sieht, sind die Auflagerkräfte unabhängig von den Stablängen s_1 und s_2 Sie hängen nur ab von den Stabwinkeln α und β, von der Größe der Last F und ihrem Angriffswinkel γ. Die Abhängigkeit vom Winkel γ stellen wir graphisch dar (Bild 29), und zwar für ein System mit $\alpha = 45°$ und $\beta = 30°$ Wir sehen:

Beide Auflagerkräfte sind positiv für $45° \leq \gamma \leq 120°$,

beide Auflagerkräfte sind negativ für $225° \leq \gamma \leq 300°$.

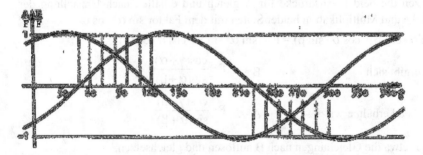

Bild 29 Abhängigkeit der Stützkraft-Werte von der Lastrichtung

Bei $\gamma = $ 45° wirkt F in Richtung von Stab 1, deshalb ist A = F und B = 0

bei $\gamma = $ 120° wirkt F in Richtung von Stab 2, deshalb ist A = 0 und B = F

bei $\gamma = $ 225° wirkt F in Richtung von Stab 1, deshalb ist A = – F und B = 0 bei $\gamma = 300°$ wirkt F in Richtung von Stab 2, deshalb ist A = 0 und B = – F

Interessant ist noch, dass die Auflagerkräfte größer als F werden können. Sie nehmen jeweils den Wert $1,035 \cdot F$ bzw. $– 1,035 \cdot F$ an, wenn F senkrecht zum jeweils abliegenden Stab wirkt, also den größtmöglichen Hebelarm um das jeweils andere Auflager hat. Die dargestellten Linien zeigen den Einfluss der Richtung von P auf die Größe der Auflagerkraft A bzw. B; man nennt sie deshalb auch Einflusslinien. Mit der Bestimmung solcher Einflusslinien werden wir uns später noch ausführlich beschäftigen.[13]

2.3 Der Einfeldbalken

2.3.1 Belastung durch Einzellasten

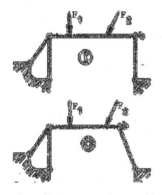

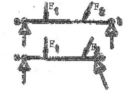

Bild 30 Der Balken auf zwei Stützen   **Bild 31** Der Balken auf zwei Stützen

Wir kommen nun zu einer neuen Situation und wählen zur Übertragung der Lasten F_1 und F_2 in den Verankerungskörper einen Biegebalken, der in der gezeigten Weise (Bild 30) von einem Stabzweischlag und einem Pendelstab gestützt werde, etwa Konfiguration I oder II.

Um die Größe der drei Auflagerkräfte zu finden, müssen wir zwei Teilaufgaben lösen:

1) Es müssen diejenigen Kräfte gefunden werden, die der Biegebalken auf den Stabzweischlag und die Pendelstütze ausübt;

---

[13] Dabei wird es dann mehr um den Einfluss des Angriffsortes der Kraft auf eine mechanische Größe gehen, und nicht mehr um den Einfluss der Wirkungsrichtung dieser Kraft.

2) es müssen diese Kräfte auf die beiden Stützkonstruktionen – die Widerlager – aufgebracht und die dadurch hervorgerufenen Stützkräfte A_1, A_2 und B bestimmt werden.

Die zweite Teilaufgabe und ihre Lösung ist uns bekannt aus den vorhergegangenen Abschnitten. Wir wenden uns hier deshalb nur der ersten (Teil-) Aufgabe zu und können dementsprechend auch, zeichnerisch eine Vereinfachung vornehmen:

 Unverschiebliche (= feste) Auflager bezeichnen wir durch eines der Symbole

 Verschiebliche Auflager bezeichnen wir durch eines der Symbole

Während beim festen Auflager die richtungsmäßige Orientierung des Symbols beliebig gewählt werden darf (man wird freilich i. A. die hier dargestellt Orientierung wählen), muss beim verschieblichen Auflager das Symbol unter einem ganz bestimmten Winkel angeordnet werden: Es muss nämlich erkennbar sein, in welcher Richtung Punkt b (Bild 31) verschieblich ist: Die (Doppel-) Basis des Dreiecks wird dazu in diese Richtung gelegt. Die zugehörige Auflagerkraft B wirkt stets senkrecht zu dieser (Doppel-) Basis.

Mit dieser Vereinbarung kommen wir nun zur Bestimmung der Stützkräfte (siehe Bild 32). Im Auflager b ist die Stützkraft B unbekannt (ihre Wirkungslinie ist bekannt), im Auflager a die resultierende Stützkraft A und deren Richtung (Wirkungslinie). Bei einer zeichnerischen Lösung dieser Aufgabe wird man i. A. diese drei Größen bestimmen. Bei einer rechnerischen Lösung, zu der i. A. die Gleichgewichtsbedingungen $\sum V = 0$, $\sum H = 0$ und $\sum M = 0$ herangezogen werden, gibt man eher Komponenten von A an: Die Horizontalkomponente A_h und die Vertikalkomponente A_v.[14] Während man vertikale Stützkräfte stets nach oben wirkend positiv definiert, gibt es für horizontale Stützkräfte keine allgemein gültige Vereinbarung. Wir werden in Anlehnung an den (noch zu besprechenden) Dreigelenk-Rahmen im allgemeinen eine am linken Auflager wirkende Horizontal-Stützkraft nach rechts wirkend positiv einführen und eine gegebenenfalls am rechten Auflager wirkende Horizontal-Stützkraft nach, links wirkend positiv definieren.

Hier nun die Berechnung der Stützkräfte, zunächst mit Hilfe

der Gleichgewichtsbedingungen $\sum H = 0$, $\sum V = 0$, $\sum M_i = 0$,

dann mit Hilfe von $\sum H = 0$, $\sum V = 0$, $\sum M_b = 0$,

---

[14] Bei Bedarf kann daraus A und der zugehörige Winkel ermittelt werden.

dann mit Hilfe von $\qquad \sum H = 0, \quad \sum M_a = 0, \quad \sum M_b = 0.$

Schließlich zeigen wir ihre zeichnerische Bestimmung.

1. Rechnung

$\sum H = 0$: $\quad A_h - 2{,}00 = 0$; $\qquad A_h = 2{,}00$ kN

$\sum V = 0$: $\quad A_v + B - 3{,}00 - 3{,}46 = 0$

$\sum M_i = 0$: $\quad 5 \cdot A_v - 4 \cdot B - 2 \cdot 3{,}00 = 0$

Auflösen der zwei letzten Gleichungen nach A_v liefert

$A_v = 6{,}46 - B \quad$ und $\quad A_v = 1{,}20 + 0{,}8 \cdot B.$

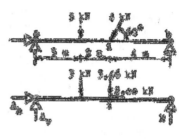

Bild 32 Zur rechnerischen Lösung

Diese beiden Ausdrücke werden gleichgesetzt, was B = 2,92 kN liefert. Einsetzen dieses Wertes für B in eine der o. a. Ausdrücke für A_v liefert A_v = 3,54 kN.

2. Rechnung

$\sum H = 0$: $\quad A_h - 2{,}00 = 0$; $\qquad A_h = 2{,}00$ kN

$\sum V = 0$: $\quad A_v + B - 3{,}00 - 3{,}46 = 0$; $\qquad B = 6{,}46 - A_v = 2{,}92$ kN

$\sum M_b = 0$: $\quad 9 \cdot A_v - 6 \cdot 3{,}00 - 4 \cdot 3{,}46 = 0$; $\quad A_v = (18 + 13{,}84)/9 = 3{,}54$ kN

3. Rechnung

$\sum H = 0$: $\quad A_h - 2{,}00 = 0$; $\qquad A_h = 2{,}00$ kN

$\sum M_a = 0$: $\quad 9 \cdot B - 5 \cdot 3{,}46 - 3 \cdot 3{,}00 = 0$; $\qquad B = (9{,}00 + 17{,}30)/9 = 2{,}92$ kN

$\sum M_b = 0$: $\quad 9 \cdot A_v - 6 \cdot 3{,}00 - 4 \cdot 3{,}46 = 0$;

$A_v = (18 + 13{,}84)/9 = 3{,}54$ kN

Ein Vergleich dieser drei Rechnungen zeigt:

Bei der ersten Rechnung (beliebiger Bezugspunkt für die Momentengleichung) war die Aufstellung der Gleichungen einfach; die zwei letzten Gleichungen waren durch zwei unbekannte Größen gekoppelt.

Bei der zweiten Rechnung wurde der Bezugspunkt für die Momentengleichung so gewählt, dass (neben A_h) eine zweite Unbekannte keinen Beitrag zur Momentensumme leistete. Die zwei letzten Gleichungen waren durch nur eine unbekannte Größe gekoppelt. Bei der dritten Rechnung wurde anstelle der Gleichung $\sum V = 0$

eine zweite Gleichung vom Typ $\sum M = 0$ angeschrieben, wobei der Bezugspunkt

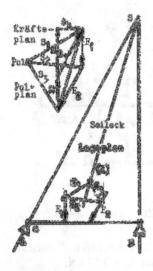

Bild 33 Zur zeichnerischen Lösung

so gewählt wurde, dass (neben A_h) die dritte Unbekannte A_v keinen Beitrag leistete. Dies führte auf drei vollständig entkoppelte Gleichungen mit drei Unbekannten.

Hier die zeichnerische Lösung der Aufgabe (Bild 33). Nach Anfertigung des Lageplanes wird der Kräfteplan gezeichnet (hier gewählt: 1 cm $\triangleq$ 3,33 kN), der uns Größe und Richtung der resultierenden Last liefert. Mit Hilfe des Polplans und des Seilecks finden wir dann die Lage (Wirkungslinie) der resultierenden Last im Lageplan. Diese Last wird nun zerlegt in zwei Komponenten, die resultierende Stützkraft A und die senkrechte Stützkraft B auf folgende Weise:

Die Stützkräfte A und B können die resultierende Last R nur im Gleichgewicht halten, wenn sich ihre Wirkungslinien auf derjenigen von R schneiden. Die Wirkungslinien von R und B sind bekannt, ihr Schnittpunkt S kann somit sofort bestimmt werden. Durch diesen Schnittpunkt S und durch (Auflager-) Punkt a verläuft die Wirkungslinie von Stützkraft A, die damit ebenfalls bekannt ist. Damit sind wir in der Lage, im Kräfteplan parallel zu den Wirkungslinien von A und B diejenigen Stützkräfte einzutragen, die der resultierenden Last R bzw. den beiden Lasten F_1 und F_2 das Gleichgewicht halten. Schließlich zerlegen wir noch die resultierende Stützkraft A in ihre beiden Komponenten A_v und A_h deren Werte sich ergeben zu $A_v = 3,5$ kN und $A_h = 2,0$ kN. Die Stützkraft B ergibt sich zu B = 2,9 kN. Wenn wir diese Resultate in einer besseren Genauigkeit erhalten wollen, müssen wir in einem anderen Maßstab zeichnen; z. B. 1 cm $\triangleq$ 0,5 kN.

2.3.2 Belastung durch Streckenlasten

Im vorangegangenen Abschnitt haben wir die Stützkräfte bestimmt infolge gegebener Einzellasten. Wir fragen: Liefert das Eigengewicht des Balkens einen Beitrag zu diesen Stützkräften? Diese Frage, die natürlich bejaht werden muss, führt zu einer zweiten Art von Lasten: zu den Streckenlasten. Nehmen wir zunächst an, der im vorangegangenen Abschnitt behandelte Biegebalken habe einen (über die Balkenachse) nicht-konstanten Querschnitt; der Querschnittsverlauf sei unregelmäßig. Dementsprechend unregelmäßig ist dann natürlich auch der Verlauf des Eigengewichts. Wir können ihn in einem Koordinatensystem darstellen, indem wir etwa g(x) über x auftragen. Auf ein kleines Balkenstück von der (unendlich) kleinen Länge dx wirkt dann die Last $dG = g(x) \cdot dx$. Indem wir über die Balkenlänge l integrieren, erhalten wir die resultierende Last (das Eigengewicht des Balkens)

$$G = \int_0^l dG = \int_0^l g(x) \cdot dx$$

Bild 34

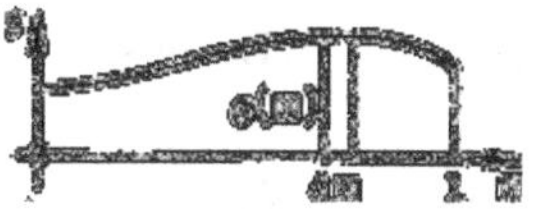

Der Wert dieses Integrals kann berechnet werden, sobald die Belastungsfunktion $g(x)$ bekannt ist. Der häufig auftretende Sonderfall des gleichbleibenden Querschnittes liefert mit $g(x) = $ const. $= g_0$ den Wert

$$G = g_0 \cdot \int_0^l dx = g_0 \cdot [x]_0^l = g_0 \cdot l$$

Bild 35a

Der hin und wieder auftretende Fall des linear veränderlichen Querschnitts liefert, wenn wir den oben behandelten konstanten Anteil vorher abspalten, mit $g(x) = \dfrac{x}{l} \cdot g_0$ den Wert

$$G = \frac{g_0}{l} \cdot \int_0^l x \cdot dx = \frac{g_0}{l} \cdot \left[\frac{x^2}{2} \right]_0^l = \frac{g_0 \cdot l}{2}$$

Bild 35b

In einem orthogonalen Koordinatensystem, solange die Lastintensität senkrecht zur Stabachse auf getragen wird, lassen sich die Ergebnisse anschaulich deuten als Fläche unter der Belastungskurve.[15] Man nennt sie dann auch die Lastfläche. Es sei hier schon vorweg bemerkt, dass diese Deutung bei einem schiefwinkligen Koordinatensystem nicht mehr möglich ist.

Neben der oben bestimmten Resultierenden einer Streckenlast interessiert uns das Moment, das diese Streckenlast in Bezug auf einen beliebigen Punkt i ausübt. Wir nehmen an, dieser Bezugspunkt habe den (senkrecht zur Lastrichtung gemessenen) Abstand e vom Koordinaten-Ursprung. Dann liefert die Last $g(x) \cdot dx$ den Beitrag $dM = g(x) \cdot dx \cdot (x - e)$. Wir integrieren diese Beiträge über die Balkenlänge und erhalten

$$M = \int_0^l dM = \int_0^l g(x) \cdot (x - e) \cdot dx.$$

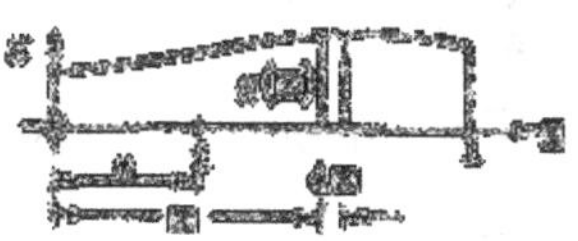

---

[15] Diese Fläche unter der Lastkurve wird deshalb von uns Bauingenieuren gern (senkrecht) schraffiert.

Der Wert dieses Integrals kann angegeben werden, sobald g(x) bekannt und e gewählt sind. Für den oben genannten Fall g(x) = g_0 erhalten wir

1) für e = 0 (Bezugspunkt in Stützpunkt a):

$$M_a = g_0 \cdot \int_0^l x \cdot dx = g_0 \left[\frac{x^2}{2} \right]_0^l = g_0 \cdot \frac{l^2}{2}$$

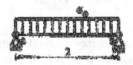

2) für e = l (Bezugspunkt in Stützpunkt b):

$$M_b = g_0 \cdot \int_0^l (x-l) \cdot dx = g_0 \cdot \left[\frac{x^2}{2} - l \cdot x \right]_0^l = -g_0 \cdot \frac{l^2}{2}$$

Für den danach genannten Fall $g(x) = \frac{x}{l} \cdot g_0$ erhalten wir

1) für e = 0: $M_a = \frac{g_0}{l} \cdot \int_0^l x^2 \cdot dx = \frac{g_0}{l} \cdot \left[\frac{x^3}{3} \right]_0^l = g_0 \cdot \frac{l^2}{3}$

2) für e = l: $M_b = \frac{g_0}{l} \cdot \int_0^l (x-l) \cdot x \cdot dx = \frac{g_0}{l} \cdot \left[\frac{x^3}{3} - \frac{l \cdot x^2}{2} \right]_0^l = -g_0 \cdot \frac{l^2}{6}$

Im Vorgriff auf die in Band 2 dargestellten Schwerpunktsätze stellen wir hier fest: Das Moment einer Streckenlast um einen Punkt i ist gleich dem Moment der (im Schwerpunkt der Lastfläche wirkenden) Resultierenden der Streckenlast um diesen Bezugspunkt.

Mit diesen Vorbemerkungen können wir nun an die Ermittlung der Stützkräfte infolge einer – zunächst gleichmäßig verteilten – Streckenlast gehen.

1. Gleichstreckenlast wirkt entlang der ganzen Balkenlänge

$$\sum H = 0: \ A_h = 0$$

$$\sum V = 0: \ A_v + B - 1 \cdot 9 = 0$$

$$\sum M_a = 0: \ 9 \cdot B - 1 \cdot 9^2 / 2 = 0.$$

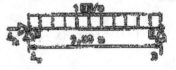

Bild 36 Gleichstreckenlast

Lösung:

$A_h = 0$; $A_v = 4,50$ kN; $\qquad$ B = 4,50 kN

Kontrolle: $\sum M_b = 0$: $9 \cdot 4,50 - 1 \cdot 9^2 / 2 = 0$.

2. Gleichstreckenlast wirkt entlang eines Teilbereiches

$\sum H = 0$: $A_h = 0$

$\sum V = 0$: $A_v + B - 4 \cdot 3 = 0$

$\sum M_a = 0$: $9 \cdot B - 12 \cdot (4,0 + 1,5) = 0$

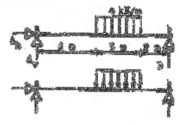

Lösung:

$A_h = 0$; $\quad A_v = 4,67$ kN; $\quad$ B = 7,33 kN

Bild 37 Teilstreckenlast

Kontrolle: $\sum M_b = 0$: $9 \cdot 4,67 - 12 \cdot (2,0 + 1,5) = 0$

Ein Wort zur Darstellung. Durch die gezeigte Strichelung der Lastfläche deutet man die (Wirkungs-) Richtung der Streckenlast an. Sie ist dadurch allerdings noch nicht eindeutig angegeben: In unserem Fall könnte sie von oben nach unten und von unten nach oben wirken. Durch Eintragen der Pfeilspitzen ist die Eindeutigkeit hergestellt. Diese Pfeilspitzen tragen wir stets dann ein, wenn (beim Leser) Zweifel an der Lastrichtung auftreten können oder wenn diese von der Regelrichtung (von oben nach unten) abweicht, wie etwa bei Sogkräften[16] auf Dächern. Im Übrigen wollen wir uns an die in Deutschland allgemein übliche Bezeichnungsweise halten:

Streckenlasten infolge Eigengewichts kennzeichnen wir mit g.

Streckenlasten infolge(nicht ständig wirkender)Verkehrslast mit q;

(Sonderfälle: s für die Schneelast und w für die Windbelastung)

Wir kommen jetzt zur Berechnung von Stützkräften infolge linear veränderlicher Streckenlasten. Wir gehen dabei, um auch dies einmal zu zeigen, vom allgemeinen Fall einer Teilstreckenlast aus, der den Sonderfall der durchlaufenden Streckenlast enthält.

---

[16] Natürlich können wir auch die Stabachse als Bezugslinie (Nulllinie) auffassen und dann nach oben wirkende Kräfte (= negative Kräfte) unterhalb der Stabachse auftragen. Wir tun das jeweils Anschaulichere.

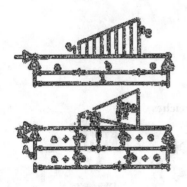

$$\sum H = 0: A_h = 0$$

$$\sum M_a = 0:$$

$$l \cdot B - \left(a + \frac{b}{3}\right) \cdot \frac{b \cdot q_1}{2} - \left(a + \frac{2}{3} \cdot b\right) \cdot \frac{b \cdot q_2}{2} = 0$$

$$\sum M_b = 0:$$

$$l \cdot A_v - \left(\frac{2}{3} \cdot b + c\right) \cdot \frac{b \cdot q_1}{2} - \left(\frac{b}{3} + c\right) \cdot \frac{b \cdot q_2}{2} = 0$$

Lösung: $A_h = 0$

$$B = \left(a + \frac{b}{3}\right) \cdot \frac{b \cdot q_1}{2 \cdot l} + \left(a + \frac{2}{3} \cdot b\right) \cdot \frac{b \cdot q_2}{2 \cdot l}$$

Bild 38
Linear veränderliche Teilstreckenlast

$$A_v = \left(\frac{2}{3} \cdot b +\right) \cdot \frac{b \cdot q_1}{2 \cdot l} + \left(\frac{b}{3} + c\right) \cdot \frac{b \cdot q_2}{2 \cdot l}$$

Kontrolle: $\sum V = 0$

$$(a + b + c) \cdot \frac{b \cdot q_1}{2 \cdot l} + (a + b + c) \cdot \frac{b \cdot q_2}{2 \cdot l} - \frac{b \cdot q_1}{2} - \frac{b \cdot q_2}{2} = 0$$

(Es ist $a + b + c = l$)

Aus der oben angegebenen allgemeinen Lösung lesen wir jetzt einige Grenzfälle
heraus.

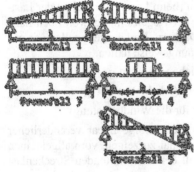

1. **Dreieckslast nach rechts ansteigend.** Mit
   $a = c = 0$ und $q_1 = 0$ sowie $b = l$ ergibt sich

$$A_h = 0, \quad A_v = \frac{l \cdot q_2}{6}, \quad B = \frac{l \cdot q_2}{3}$$

2. **Dreieckslast nach links ansteigend.** Mit
   $a = c = 0$, $q_2 = 0$ und $b = l$ ergibt sich

$$A_h = 0, \quad A_v = \frac{l \cdot q_1}{3}, \quad B = \frac{l \cdot q_1}{6}$$

3. **Durchlaufende Gleichlast.** Mit $a = c = 0$,
   $b = l$ und $q_1 = q_2 = q$ ergibt sich

Bild 39
Grenzfälle

$$A_h = 0, \quad A_v = \frac{q \cdot l}{2}, \quad B = \frac{q \cdot l}{2}$$

4. **Gleichmäßig verteilte Teilstreckenlast.** Mit $q_1 = q_2 = q$ ergibt sich

$$A_h = 0, \quad A_v = \frac{b \cdot q}{l} \cdot \left(\frac{b}{2} + c\right), \quad B = \frac{b \cdot q}{l} \cdot \left(a + \frac{b}{2}\right)$$

5. Antimetrische (linear veränderliche) Belastung. Mit $a = c = 0$ und $q_2 = -q_1$

ergibt sich $A_h = 0$, $\quad A_v = \dfrac{2}{3} \cdot l \cdot \dfrac{q_1}{2} - \dfrac{1}{3} \cdot l \cdot \dfrac{q_1}{2} = \dfrac{q_1 \cdot l}{6}$, $\quad B = -\dfrac{q_1 \cdot l}{6}$

2.3.3 Belastung durch Momente

Der betrachtete Einfeldbalken möge belastet sein durch die beiden gleichgroßen und entgegengesetzten Einzellasten, die ein Kräftepaar bilden. Wir berechnen mit Hilfe der drei üblichen Gleichgewichtsbedingungen die Stützkräfte:

$\sum H = 0$: $A_h = 0$

$\sum V = 0$: $A_v + B - F + F = 0$

$\sum M_a = 0$: $l \cdot B - a \cdot F + (a + b) \cdot F = 0$

Bild 40 Kräftepaar

Lösung: $A_h = 0$, $\quad A_v = F \cdot \dfrac{b}{l}$, $\quad B = -F \cdot \dfrac{b}{l}$

Die senkrechten Stützkräfte sind also gleichgroß und entgegengesetzt gerichtet. Wie wir wissen, können wir ein Kräftepaar ersetzen durch ein Moment; in unserem Fall ergibt das $M_0 = F \cdot b$. Wir belasten mit diesem Moment nun unseren Einfeldbalken und kommen natürlich zu den gleichen Werten für A_h, A_v und B.

$\sum H = 0$: $A_h = 0$

$\sum V = 0$: $A_v + B = 0$

$\sum M_a = 0$: $B \cdot l + M_0 = 0$

Bild 41 Lastmoment

Lösung: $A_h = 0$, $\quad A_v = \dfrac{M_0}{l} = F \cdot \dfrac{b}{l}$, $\quad B = -\dfrac{M_0}{l} = -F \cdot \dfrac{b}{l}$

Wie wir sehen, ist der Angriffspunkt des Momentes für die Größe der Stützkräfte ohne Bedeutung. Gleiches gilt natürlich auch für das oben gezeigte Kräftepaar. Die Größen a und c treten in den Ausdrücken für A_v und B nicht auf.

Wir erwähnen, dass ein Kräftepaar auf einen Balken wirken kann, auch wenn als angreifende Belastung nur eine Einzellast angesetzt wird. Wir zeigen einen solchen

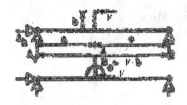

Bild 42 Horizontalkraft

Fall nebenstehend. Das Kräftepaar entsteht durch die Horizontalkraft $A_h = F$, und es hat den Wert $M_0 = F \cdot b$. Man kann auch sagen: Dieses Moment entsteht als Versetzungsmoment, wenn F parallel zur eigenen Wirkungslinie in die Balkenachse verschoben (versetzt) wird.

2.4 Der Balken auf zwei Stützen mit Kragarm

Es gibt keinen Grund, den Biegebalken aus Abschnitt 2.3 nicht an seinem rechten oder linken Ende über den jeweiligen Stützpunkt hinaus zu verlängern. Man nennt diese Verlängerung Kragarm. Das Vorhandensein eines solchen Kragarmes erfordert im Hinblick auf die Berechnung der Stützkräfte keine neuen Überlegungen. Wir zeigen hier deshalb nur ein kurzes Beispiel.

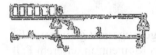

Bild 43
Balken auf zwei Stützen mit Kragarm

$$\sum H = 0: \quad A_h = 0$$

$$\sum V = 0: \quad A_v + B - q \cdot a = 0$$

$$\sum M_a = 0: \quad B \cdot l + \frac{q \cdot a^2}{2} = 0$$

Lösung: $A_h = 0$, $A_v = a \cdot q \cdot \left(1 + \frac{a}{2 \cdot l}\right)$, $B = -\frac{q \cdot a^2}{2 \cdot l}$

Kontrolle: $\sum M_b = 0:$ $a \cdot q \cdot \left(1 + \frac{a}{2 \cdot l}\right) \cdot l - a \cdot q \cdot \left(l + \frac{a}{2}\right) = 0$

Für die Stützkraft B ergibt sich ein negativer Wert: sie wirkt von oben nach unten (entgegen der positiv definierten Richtung). Dieser Wert ist umgekehrt proportional der Stützweite l. Die Stützkraft A_v ist größer als die resultierende Last $a \cdot g$.

2.5 Der Kragträger

Verlängern wir den Kragarm und verkleinern gleichzeitig die Stützweite zwischen A und B etwa durch Verschieben des Auflagers A nach rechts, so kommen wir zu dem untenstehend abgebildeten Tragwerk. Bei einem solchen Tragwerk können wir nun auf Angabe der Lage von B verzichten dadurch, dass wir B nach A versetzen und zusätzlich das Versetzungsmoment M = B · *l* anschreiben. Wir benutzen das Ergebnis von Abschnitt 2.4 und erhalten

$$A_h = 0, \quad A_v + B = q \cdot a, \quad M = -\frac{q \cdot a^2}{2}$$

Diese Stützreaktionen werden wir im Folgenden direkt berechnen.
Wir schreiben

$$\sum H = 0: \ A_h = 0$$

$$\sum V = 0: \ A_v - q \cdot a = 0$$

$$\sum M_i = 0: \ M + \frac{qa^2}{2} = 0$$

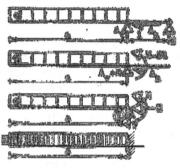

Bild 44 Der Kragträger

Lösung: $\quad A_h = 0, \quad A_v = q \cdot a, \quad M = -\frac{q \cdot a^2}{2}$

Wir stellen fest: Die Stützreaktionen eines Kragträgers bestehen nicht nur aus Kräften, sondern aus Kräften und einem Moment, dem sogenannten Einspannmoment. Wir sprechen deshalb verallgemeinernd von Stützgrößen. Mit Hilfe der drei o. a. Gleichgewichtsbedingungen sind wir in der Lage, für jeden erdenklichen (ebenen) Belastungsfall die Stützgrößen zu bestimmen. Da ein senkrecht zur Bildebene wirkendes Moment zeichnerisch nicht darzustellen ist, kann das Problem graphisch nicht gelöst werden.

2.6 Der Gerberträger[17]

Aufgrund unserer bisherigen Betrachtungen könnte beim Leser der Eindruck entstanden sein, ein Bauteil gäbe seine Lasten grundsätzlich direkt an den Untergrund ab. Tatsächlich ist dies nur selten der Fall. Das Normale ist vielmehr, dass ein Bauteil eines Bauwerks durch ein zweites Bauteil gestützt wird, welches seinerseits durch ein drittes gehalten wird usw. Die meisten Bauteile eines Bauwerks oder doch jedenfalls sehr viele werden deshalb beansprucht nicht nur durch ihr Eigengewicht

---

[17] Ein Gerberträger ist, wie wir noch sehen werden, ein statisch bestimmter Gelenkträger. Er wurde benannt nach dem Ingenieur H. Gerber (1832–1912), der ihn als Erster bewusst einsetzte.

und unmittelbar einwirkende Verkehrslasten, sondern auch durch Auflagerkräfte anderer Bauteile. Solange dabei der „Lastenfluss" in einer Richtung verläuft, ein Bauteil also nicht ein anderes Bauteil beansprucht, von dem es seinerseits belastet wurde, kann man – beginnend mit einem bestimmten Bauteil und fortschreitend in bestimmter Weise[18] – jedes Bauteil für sich untersuchen und alle an ihm wirkenden Kraftgrößen bzw. Stützgrößen bestimmen. Man kann es nicht mehr, wenn Bauteile sich gegenseitig stützen. Dann müssen sie zu einem Tragwerk zusammengefasst und gemeinsam untersucht werden. Ein solches Tragwerk ist der in Bild 45 dargestellte Träger, bestehend aus Einfeldträgern mit und ohne Kragarm. Er unterscheidet sich grundsätzlich von dem in Bild 46 dargestellten System, bei dem eine aufeinanderfolgende und in sich abgeschlossene Berechnung der Stützkräfte der Teile 2, 1 und 3 möglich ist. Ein Blick auf Bild 45 zeigt nämlich, dass dort Lasten nicht nur von Teil 2 nach Teil 3 sondern auch von Teil 3 nach Teil 2 fließen. Dementsprechend kann kein Tragwerksteil in sich abgeschlossen berechnet werden, ohne dass gleichzeitig andere Teile untersucht werden. An der hier folgenden Berechnung werden wir das erkennen.

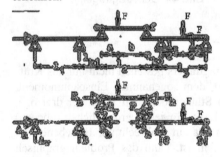

Bild 45
Zur Berechnung des Gerberträgers

Zunächst die Gleichgewichtsbedingungen für Teil 2

$$\sum V = 0: \quad E_v + F_v - F = 0$$

$$\sum M_e = 0: \quad l_2 \cdot F - a \cdot F = 0$$

$$\sum H = 0: \quad E_h - F_h = 0$$

Das Gleichungssystem hat die Lösung

$$E_v = F \cdot \frac{b}{l_2}, \quad F_v = F \cdot \frac{a}{l_2}, \quad E_h = F_h$$

Die drei Gleichungen enthalten vier unbekannte Größen. Deshalb kann E_h zunächst nur in Abhängigkeit von F_h angegeben werden.

Nun die Gleichgewichtsbedingungen für Teil 1

Bild 46
Trägersystem

---

[18] Damit ist die Reihenfolge der Bauteile bei der Berechnung gemeint; meist umgedreht der Baureihenfolge.

$$\sum V = 0: \quad A_v + B - F \cdot \frac{b}{l_2} = 0$$

$$\sum M_a = 0: \quad B \cdot l_1 - F \cdot \frac{b}{l_2} \cdot (l_1 + l_{k1}) = 0$$

$$\sum H = 0: \quad A_h - E_h = 0$$

Das Gleichungssystem hat die Lösung

$$A_v = -F \cdot \frac{b \cdot l_{k1}}{l_1 \cdot l_2}, \qquad A_h = E_h$$

$$B = F \cdot \frac{b}{l_1 \cdot l_2} \cdot (l_1 + l_{k1})$$

Bild 47 Gerberträger

A_h kann zunächst nur in Abhängigkeit von E_h und damit von F_h angegeben werden. Schließlich die Gleichgewichtsbedingungen für Teil 3:

$$\sum V = 0: \quad C + D - F \cdot \frac{a}{l_2} - F = 0$$

$$\sum M_d = 0: \quad C \cdot l_3 - F \cdot \frac{a}{l_2} \cdot (l_3 + l_{k3}) - F \cdot \frac{l_3}{2} = 0$$

$$\sum H = 0: \quad F_h - F = 0$$

Das Gleichungssystem hat die Lösung

$$C = F \cdot \left[\frac{a}{l_2 \cdot l_3} \cdot (l_3 + l_{k3}) + \frac{1}{2} \right], \qquad D = F \cdot \left[\frac{1}{2} - \frac{a \cdot l_{k3}}{l_2 \cdot l_3} \right], \qquad F_h = F.$$

Nun kann man angeben: $E_h = F$, $A_h = F$. Wir sehen, für die Bestimmung der neun unbekannten Stützkräfte standen neun Gleichgewichtsbedingungen zur Verfügung: Für jedes Teilsystem drei. Wir erwähnen, dass wir für den linken Stützträger anstelle der Bedingung $\sum M_a = 0$ auch die Bedingung: $\sum M_b = 0$ hätten anschreiben können und für den rechten Stützträger anstelle der Bedingung $\sum M_d = 0$ die Bedingung $\sum M_c = 0$.

Wie wir gesehen haben, werden in den Punkten e und f keine (Einspann-) Momente übertragen sondern nur (Stütz-) Kräfte. Eine Verbindung, die das leistet, haben wir bereits in Abschnitt 2.1 und 2.2 kennengelernt: Das Gelenk. Wir stellen den gegebenen Träger deshalb zukünftig wie in Bild 47 angegeben dar.

Dieses System hat fünf Stützkräfte. Wir werden sie im Folgenden unmittelbar (also ohne den Umweg über die Gelenkkräfte E und F) berechnen aus den fünf Gleichungen

1. $\sum V = 0$ am Gesamtsystem: $A_v + B + C + D - 2 \cdot F = 0$

2. $\sum H = 0$ am Gesamtsystem: $A_h - F = 0$

3. $\sum M_a = 0$ am Gesamtsystem:

$$B \cdot l_1 + C \cdot (l_1 + l_{k1} + l_2 + l_{k3}) + D \cdot (l_1 + l_{k1} + l_2 + l_{k3} + l_3) -$$

$$- F \cdot (l_1 + l_{k1} + a) - F \cdot \left(l_1 + l_{k1} + l_2 + l_{k3} + \frac{l_3}{2} \right) = 0$$

4. $\sum M_e = 0$ am linken Teilsystem:[19] $A_v \cdot (l_1 + l_{k1}) + B \cdot l_{k1} = 0$

5. $\sum M_f = 0$ am rechten Teilsystem:[20] $D \cdot (l_{k3} + l_3) + C \cdot l_{k3} - F \cdot \left(l_{k3} + \frac{l_3}{2} \right) = 0$

Es ergeben sich für die fünf Stützkräfte die gleichen Werte wie oben angegeben.[21]

Es ist von Nutzen, sich die mechanische Aussage dieser Gleichungen noch einmal klar zu machen. Da das Tragwerk unter der Wirkung aller einwirkenden Kräfte (Lasten + Stützkräfte) in Ruhe bleibt, müssen diese Kräfte miteinander im Gleichgewicht sein. Das System kann dann frei in der Luft schweben.

Da es sich nicht in senkrechter Richtung verschiebt, muss sein $\sum V = 0$; da es sich nicht in waagerechter Richtung verschiebt, muss sein $\sum H = 0$; da es sich nicht dreht, also etwa auch um Punkt a nicht, muss sein $\sum M_a = 0$; da sich im Gelenk e der eine Teil nicht gegenüber dem anderen Teil dreht, muss sein $\sum M_{el}$ und/oder $\sum M_{er} = 0$; da sich im Gelenk f der eine Teil nicht gegenüber dem anderen Teil dreht, muss sein $\sum M_{fl} = 0$ und/oder $\sum M_{fr} = 0$, d. h. die Summe der Momente aller Kräfte links von f in Bezug auf f muss Null sein und die Summe der Momente aller Kräfte rechts von f in Bezug auf f muss Null sein. Insgesamt allerdings lassen sich nicht mehr als 5 linear voneinander unabhängige Gleichungen formulieren. Ei-

---

[19] Genauer: am links von e gelegenen Teilsystem.

[20] Genauer: am rechts von Punkt f gelegenen Teilsystem.

[21] Die Gelenkkräfte E und F treten nicht auf. Wenn sie bestimmt werden sollen, müssen wieder die Teilsysteme betrachtet werden.

ne sechste oder siebente Gleichung lässt sich als Linearkombination der ersten fünf Gleichungen darstellen und kann deshalb nur als Kontrollgleichung benutzt werden. Wir merken allgemein: Ist in einem System in einem Punkt i ein Gelenk angeordnet, so wird in diesem Punkt kein Moment übertragen. Mit anderen Worten: In Bezug auf diesen Punkt muss die Summe der Momente aller am links von ihm gelegenen Tragwerksteil angreifenden Kräfte den Wert Null ergeben ebenso wie die Summe der Momente aller am rechts von ihm gelegenen Tragwerksteil angreifenden Kräfte. Jede dieser beiden Bedingungen stellt eine Gleichgewichtsbedingung dar und kann dementsprechend als Bestimmungsgleichung benutzt werden. Ein „Gelenkpunkt" unterscheidet sich also von allen anderen Punkten – etwa der Balkenachse – durch dieses: Während sich in Bezug auf jeden beliebigen Punkt der Stabachse (und auch außerhalb der Stabachse) die Summe der Momente aller am Gesamt-Tragwerk angreifenden Kräfte im Falle des Gleichgewichts zu Null ergibt, ergibt sich in Bezug auf einen Gelenkpunkt die Summe der Momente aller am links oder rechts vom Gelenk gelegenen Teilsystem angreifenden Kräfte zu Null.

Zahlenbeispiel zum Gerberträger von Bild 45:

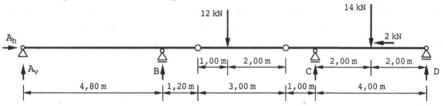

Bild 48

Mittlerer Teil (Teil 2) $E_v = 12\,\text{kN} \cdot \dfrac{2,00}{3,00} = 8\,\text{kN}$

$$F_v = 12\,\text{kN} \cdot \dfrac{1,00}{3,00} = 4\,\text{kN}$$

$$E_h = F_h$$

Linker Teil (Teil 1) $A_v = -8\,\text{kN} \cdot \dfrac{1,20}{4,80} = -2\,\text{kN}$

$$A_h = E_h = F_h$$

$$B = 8\,\text{kN} \cdot \dfrac{4,80 + 1,20}{4,80} = 10\,\text{kN}$$

Rechter Teil (Teil 3) $A_h = E_h = F_h = 2\,\text{kN}$

$$C = 4\,\text{kN} \cdot \frac{4{,}00 + 1{,}00}{4{,}00} + 14\,\text{kN} \cdot \frac{2{,}00}{4{,}00} = 5\,\text{kN} + 7\,\text{kN} = 12\,\text{kN}$$

$$D = -4\,\text{kN} \cdot \frac{1{,}00}{4{,}00} + 14\,\text{kN} \cdot \frac{2{,}00}{4{,}00} = -1\,\text{kN} + 7\,\text{kN} = 6\,\text{kN}$$

Gleichgewichtskontrolle $\sum V = 0$ am gesamten System

$+12\,\text{kN} + 14\,\text{kN} - A_v - B - C - D = +26\,\text{kN} - (-2\,\text{kN}) - 10\,\text{kN} - 12\,\text{kN} - 6\,\text{kN} = 0$
$+26\,\text{kN} - 26\,\text{kN} = 0$

2.7 Einflusslinien für Auflagergrößen

Im vorangegangenen Abschnitt haben wir die Stützkräfte eines Gerberträgers berechnet. Für den Fall, dass die am rechten Tragwerksteil angreifenden Lasten *nicht*
wirken, vereinfachen sich die Ausdrücke entsprechend und es ergeben sich die in
Bild 49 angegebenen Stützkräfte. Sie ergeben sich als Funktionen von Größe und
Angriffspunkt der Last F (wenn man die Systemwerte l_1 usw. als unveränderlich
betrachtet).[22]

Bild 49
Stützkräfte

$$A_v = -F \cdot \frac{b \cdot l_{k1}}{l_1 \cdot l_2}; \quad B = F \cdot \frac{b}{l_1 \cdot l_2} \cdot (l_1 + l_{k1}); \quad C = F \cdot \frac{a}{l_2 \cdot l_3} \cdot (l_3 + l_{k3}); \quad D = -F \cdot \frac{a \cdot l_{k3}}{l_2 \cdot l_3}$$

Nehmen wir etwa die Stützkraft A_v. Ihr Wert ergibt sich zu $A_v = -F \cdot \dfrac{b \cdot l_{k1}}{l_1 \cdot l_2}$. Der

Faktor F repräsentiert die Größe der Last, der Faktor b den Angriffspunkt, hier gegeben und bestimmt als Abstand vom rechten Gelenk. Wir dividieren zunächst beide

Seiten durch F und erhalten $\dfrac{A_v}{F} = -\dfrac{b \cdot l_{k1}}{l_1 \cdot l_2}$ Der Quotient $\dfrac{A_v}{F}$ stellt die auf F bezo-

gene Stützkraft A_v dar, wir bezeichnen ihn kurz mit „bezogene Stützkraft". Die rech-

---

[22] Hierzu ist Folgendes zu sagen: Liegt für irgendeine Größe ihr Wert vor in Form eines
arithmetischen Ausdrucks (der i. A. bestimmte Zahlen und Parameter – „variable Konstante" – enthält), so kann selbstverständlich jeder Parameter variiert, also zu einer Variablen
erklärt werden.

te Seite der so gefundenen Beziehung – sie ist dimensionslos – enthält nur noch eine variierbare Größe, die Variable b; dieses b kann variieren in den Grenzen 0 und l_2.

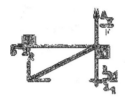

Für b = 0 (Last F steht im rechten Gelenk) ergibt sich

$\dfrac{A_v}{F} = 0$, für b = l_2 (Last F steht im linken Gelenk) ergibt

sich $\dfrac{A_v}{F} = \dfrac{l_{kl}}{l_1}$. Zwischen diesen Werten verändert sich die

bezogene Stützkraft linear mit b. Ebenso wie in Abschnitt 2.2 stellen wir auch hier diesen Sachverhalt graphisch dar (Bild 50), indem wir in einem kartesischen Koordinatensystem die bezogene Stützkraft über b abtragen (oder auftragen).

Bild 50
Last wandert auf
Mittelteil

Die Kurve zeigt uns, wie sich die bezogene Stützkraft ändert, wenn eine Einzellast auf dem eingehängten Träger wandert. Nun kann die Einzellast selbstverständlich auch auf die beiden Stützträger nach links oder rechts hinüberwandern und es ist deshalb wünschenswert, auch hierfür den Wert der bezogenen Stützkraft zu kennen.

Bild 51
Einzellast auf linkem
Tragwerksteil

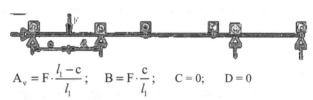

$$A_v = F \cdot \frac{l_1 - c}{l_1}; \quad B = F \cdot \frac{c}{l_1}; \quad C = 0; \quad D = 0$$

Wir berechnen zunächst die bezogene Stützkraft für den Fall, dass die Last auf dem linken Stützträger steht. Es wäre nun durchaus möglich, für dieses System die fünf oben angegebenen Gleichungen anzuschreiben. Sie würden ergeben, was wir auch ohne Rechnung erkennen: Dass die Auflager C und D durch eine auf dem linken Stützträger befindliche Last nicht beansprucht werden, also C = D = 0. Damit ergibt sich die gesuchte Stützkraft aus der Gleichgewichtsbedingung

$$\sum M_b = 0: \; l_1 \cdot A_v - F \cdot (l_1 - c) = 0; \quad A_v = F \cdot \frac{l_1 - c}{l_1} \quad \text{bzw.} \quad \frac{A_v}{F} = \frac{l_1 - c}{l_1} \; .$$

Der Wert c kann sich ändern in den Grenzen 0 und ($l_1 + l_{k1}$). Als Grenzwerte für die bezogene Stützkraft ergeben sich

$$c = 0: \qquad \frac{A_v}{F} = \frac{l_1}{l_1}$$

$$c = l_1 + l_{kl}: \quad \frac{A_v}{F} = \frac{l_1 - l_1 - l_{kl}}{l_1} = -\frac{l_{kl}}{l_1}$$

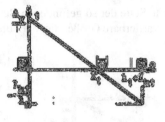

Zwischen diesen Werten verläuft die bezogene Stützkraft linear. Wir stellen den Sachverhalt wieder graphisch dar (Bild 52). Für den Fall, dass sich die Last
auf dem rechten Stützträger befindet, geben wir den
Wert für die Stützkraft A_v ohne Rechnung an: $A_v \equiv 0$.

Bild 52

Wir möchten nun die Ergebnisse der hier angestellten Überlegungen zusammenfas-
send präsentieren und bringen sie deshalb gemeinsam in eine Abbildung (Bild 53).
Dabei machen wir uns klar, dass diese Ergebnisse von der Wahl der zur Lagebestimmung benutzten Koordinaten b und c unabhängig sind.[23] Wir lassen deshalb in
der Abbildung jede Bezeichnung der Abszissenachse fehlen und zeichnen stattdessen das System senkrecht über das sich ergebende Diagramm. Das Symbol ··1·· soll
auf die Richtung der (wandernden) Einzellast hinweisen und auf deren Wirkungs-
ebene. Die Punkte zeigen dabei, dass es sich nicht um eine bestimmte Laststellung
handelt. Wir haben damit im Verlaufe unserer Ermittlung von Stützkräften eine
zweite Einflusslinie gefunden. Mit der Bestimmung solcher Einflusslinien werden
wir uns später noch ausführlich beschäftigen.

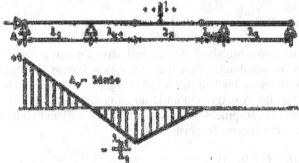

Bild 53
Einfluss der Laststellung
auf die Größe von A_v

---

[23] An den oben untersuchten Lastpositionen hätten sich für A_v die gleichen Werte ergeben,
wenn wir etwa die Größen a und d zur Lagebestimmung benutzt hätten.

Einflusslinien vom Gerberträger des Beispiels vom Abschnitt 2.6:

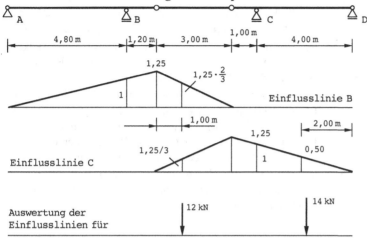

Bild 54

Auswertung der Einflusslinien für die dargestellte Belastung:

Auflagerkraft B: $B = 1{,}25 \cdot \dfrac{2}{3} \cdot 12\,\text{kN} = 10\,\text{kN}$

Auflagerkraft C: $C = \dfrac{1{,}25}{3} \cdot 12\,\text{kN} + 0{,}5 \cdot 14\,\text{kN} = 12\,\text{kN}$

Vergleichen Sie diese Ergebnisse mit dem Beispiel in Abschnitt 2.6!
Achtung: Dort aber mit zwei gleichen Kräften!

2.8 Ergänzende Bemerkungen

Bei den bisher besprochenen Beispielen war die Stabachse stets gerade und verlief stets horizontal. In der Praxis begegnen uns jedoch viele Stäbe, bei denen dies nicht der Fall ist. Bei jedem Hausdach etwa sind Sparren zu untersuchen, die (gegen die Horizontale) geneigt angeordnet sind. Zwar werden durch diesen Umstand keine (grundsätzlich) neuen Überlegungen erforderlich, kleine Zusatz-Betrachtungen können jedoch nötig werden. Betrachten wir zunächst einen geneigten Einfeldträger mit gerader Stabachse (Bild 55). Hierbei ist auf zwei Dinge zu achten:

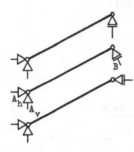

Bild 55
Einige Möglichkeiten
der Lagerung eines
geneigten Stabes

1. Die Orientierung des verschieblichen Auflagers.
2   Richtung und Bezugseinheit (Ursache) der Belastung.

Was die Richtung des verschieblichen Auflagers angeht, so
ist (wie übrigens auch beim horizontal liegenden Balken)
selbstverständlich jede Richtung der Stützkraft B möglich.
Ausgezeichnete Richtungen sind:
a) vertikal, b) senkrecht zur Balkenachse und c) horizontal.
Für ein und dieselbe Belastung ergeben sich dabei selbstverständlich jedes Mal andere Stützkräfte. Wir zeigen dies
für eine senkrecht wirkende Einzellast und berechnen die
Stützkräfte für den allgemeinen Fall eines unter dem Winkel α gegen die Horizontale geneigten Balkens, dessen
Stützkraft B unter dem Winkel β gegen die Vertikale geneigt ist (Bild 56).

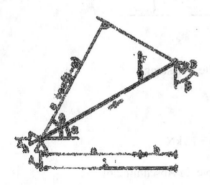

Bild 56
Zur Berechnung eines geneigten
Einfeldträgers

Aus den Gleichungen

$$\sum H = 0: \quad A_h - B \cdot \sin \beta = 0$$

$$\sum V = 0: \quad A_v + B \cdot \cos \beta - F = 0$$

$$\sum M_a = 0: \quad B \cdot s \cdot \cos(\beta - \alpha) - F \cdot a = 0$$

ergibt sich die Lösung

$$A_v = F \cdot \left(1 - \frac{a \cdot \cos \beta}{s \cdot \cos(\beta - \alpha)} \right)$$

$$A_h = F \cdot \frac{a \cdot \sin \beta}{s \cdot \cos(\beta - \alpha)}$$

$$B = F \cdot \frac{a}{s \cdot \cos(\beta - \alpha)}$$

Bevor wir das Ergebnis diskutieren, zeigen wir die graphische Lösung (Bild 57). Für
die Zerlegung der resultierenden Stützkraft A geben wir drei Möglichkeiten an. Es
braucht nicht besonders darauf hingewiesen zu werden, dass die Stützkraft
(-Komponente) A_0 nicht gleich ist der vertikalen Stützkraft. Diese ergibt sich (anschaulich) als Projektion des Vektors $\vec{A}$ auf eine Vertikale. Selbstverständlich kann
man auch hier die graphische Lösung benutzen, um mit Hilfe geometrischer Beziehungen die analytischen Ausdrücke für die Stützkräfte zu bestimmen.

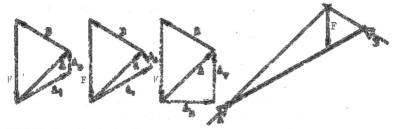

Bild 57 Graphische Lösung

Um nun zu zeigen, wie sich die Stützkräfte ändern bei einer Drehung des Auflagers B – sagen wir um 90°- aus der vertikalen Lage in die Horizontale, fassen wir diese Stützkräfte als Funktionen von β auf und stellen die oben errechneten Beziehungen graphisch dar (Bild 58). Wir wählen dabei wieder die dimensionslose Darstellung und beziehen die Stützkräfte auf die Last F.[24] Es ergibt sich

$$\frac{A_v}{F} = 1 - \frac{a \cdot \cos\beta}{s \cdot \cos(\beta - \alpha)} \;;\quad \frac{A_h}{F} = \frac{a \cdot \sin\beta}{s \cdot \cos(\beta - \alpha)} \;;\quad \frac{B}{F} = \frac{a}{s \cdot \cos(\beta - \alpha)} \;.$$

Wir wählen $\dfrac{a}{s} = 0{,}6$ und $\alpha = 30°$ (das ent-

spricht $\dfrac{a}{l} = 0{,}693$ und $\dfrac{b}{l} = 0{,}307$) und stel-

len fest:

Bei β = 0° ergibt sich für die Stützkräfte die gleiche Verteilung wie bei einem waagerecht liegenden Balken mit der Stützweite *l*:

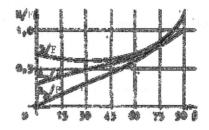

Bild 58
Abhängigkeit der Stützkräfte von der Richtung des Auflagers B

$$\frac{A_v}{F} = \frac{b}{l} = 0{,}307, \quad A_h = 0, \quad \frac{B}{F} = \frac{a}{l} = 0{,}693$$

Bei β = 90° übernimmt A_v die gesamte Last $\left(\dfrac{A_v}{F} = 1\right)$, während A_h ihren Größtwert

annimmt, nämlich den Wert von B $\left(\dfrac{A_h}{F} = \dfrac{B}{F} = 1{,}20\right)$.

---

[24] Bild 58 zeigt den Einfluss der Richtung des Auflagers B auf die Stützkräfte. In diesem Sinne zeigt das Bild drei „Einflusslinien".

Selbstverständlich enthalten die Stützkraft-Ausdrücke auch den Sonderfall des horizontal liegenden Balkens: Mit $\alpha = 0$ ergibt sich $A_v = F \cdot \left(1 - \dfrac{a}{l}\right)$, $A_h = F \cdot \dfrac{a}{l} \cdot \tan \beta$

und $B = F \cdot \dfrac{a}{l \cdot \cos \beta}$, da ja s dabei übergeht in l.

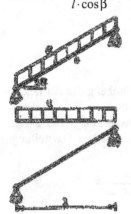

Bild 59 Streckenlasten

Was nun den zweiten Punkt betrifft, so weisen wir vor allem darauf hin, dass bei senkrechten Streckenlasten auf die Bezugseinheit zu achten ist (Bild 59). Handelt es sich etwa um das Eigengewicht eines geneigten Balkens, so bedeutet z. B. g = 0,7 kN/m, dass der Stab pro Meter Stabachse mit 0,7 kN belastet ist.

Handelt es sich hingegen etwa um die Verkehrslast eines Treppenbalkens oder um die Schneelast eines Dachsparrens, so bedeutet z. B. q = 0,35 kN/m, dass der Stab pro Meter – gemessen entlang der Projektion auf die Horizontale – mit 0,35 kN belastet wird.[25]

Treten beide Lastfälle auf, so können sie selbstverständlich getrennt – jeder für sich – untersucht werden. Man kann sie jedoch auch zusammenfassen, wenn man vorher eine kurze Umrechnung vornimmt.

Soll etwa das Eigengewicht g auf einen horizontalen Meter bezogen werden, so erhält man die neue Last $\bar{g}$ auf diese Weise: Das gesamte Eigengewicht des Balkens beträgt G = g · s. Teilen wir diese Last durch l, so ergibt

sich $\bar{g} = \dfrac{G}{l} = g \cdot \dfrac{s}{l} = \dfrac{g}{\cos \alpha}$.

Soll umgekehrt etwa die Verkehrslast auf einen Meter Stabachse bezogen werden, so erhält man die neue Last $\bar{q}$ analog so: Die Gesamtbelastung des Balkens beträgt

Q = q · l. Wir dividieren diese Last durch s und erhalten $\bar{q} = \dfrac{Q}{s} = q \cdot \dfrac{l}{s} = q \cdot \cos \alpha$.

Schließlich kommt noch der Fall vor, dass die Streckenlast senkrecht zur Balkenachse wirkt (etwa Wind auf Dachsparren).

Will man diese schräg wirkende Streckenlast ersetzen durch eine senkrecht wirkende und eine waagerecht wirkende Streckenlast, die bezogen wird auf einen vertikalen bzw. horizontalen Meter, so haben diese „neuen" Streckenlasten die gleiche Intensität wie die „alte", wie Bild 60 zeigt.

---

[25] Die DIN 1055 (bzw. der EC1) – Lastannahmen – sieht dies so vor.

Die Stützkräfte ergeben sich aus den Gleichungen

$$\sum H = 0: \quad A_h + w \cdot h = 0$$

$$\sum V = 0: \quad A_v + B - w \cdot l = 0$$

$$\sum M_a = 0: \quad B \cdot l - w \cdot \frac{h^2}{2} - w \cdot \frac{l^2}{2} = 0 \quad zu$$

$$A_v = \frac{w}{2 \cdot l} \cdot (l^2 - h^2), \, A_h = - w \cdot h \text{ und } B = \frac{w}{2 \cdot l} \cdot (l^2 + h^2)$$

Wir haben schon in Abschnitt 2.3.2 festgestellt, dass sich bei einem schiefwinkligen Koordinatensystem der Inhalt der Lastfläche nicht als resultierende Belastung deuten lässt. Im Falle der Belastung durch Eigengewicht z. B. ergibt sich die resultierende Belastung im der Form

$$G = \int_0^s g \cdot ds = g \cdot s, \text{ während die Lastfläche nur die Größe}$$

$$F = g \cdot l \text{ hat.}$$

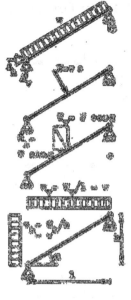

Bild 60 Äquivalente Streckenlasten

Manchmal gibt es in einem Bauwerk Zwangspunkte, die es nötig machen, einen geknickten oder gekrümmten Träger einzubauen. Wir zeigen in Bild 61 einige Beispiele.

Es handelt sich bei allen Beispielen um Balken auf zwei Stützen. Diese Bezeichnung bezieht sich nämlich auf das Tragverhalten der Konstruktion,[26] nicht auf dessen äußere Erscheinung.

Die drei Stützkräfte dieser Tragwerke werden wie üblich bestimmt durch Anwendung von drei geeigneten Gleichgewichtsbedingungen

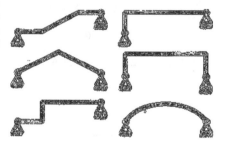

Bild 61 Formen von Einfeldträgern

(i. A. $\sum V = 0$, $\sum H = 0$, $\sum M = 0$).

Man wird dabei zweckmäßig die Belastung in ihre horizontalen und vertikalen Komponenten zerlegen. Es sei jedoch an dieser Stelle schon erwähnt, dass sich bei Tragwerken dieser Art meistens unangenehm große Verschiebungen des beweglichen Auflagers ergeben.

---

[26] genauer gesagt: Auf die Art der Lagerung bzw. Stützung.

2.9 Der Dreigelenk-Rahmen

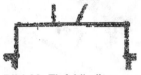

Bild 62 Einfeldbalken

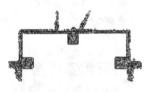

Bild 63 Dreigelenkrahmen

Wir kehren zurück zu der in Abschnitt 2.3.1 gegebenen Situation (Bild 30) und betrachten das dort dargestellte Tragwerk. Dabei stellen wir fest, dass wir etwa den linken oberen Stab fortlassen können (Bild 62) wenn wir gleichzeitig die linke Ecke „steif" machen.[27] Während wir bei dieser Lage der Gelenke noch deutlich unterscheiden können zwischen Biegebalken und Pendelstab, so ist dies bei einer leicht geänderten Lage der Gelenke nicht mehr möglich, wie ein Blick auf Bild 63 zeigt. Tragwerke dieser Art, bei denen die Teile sich gegenseitig stützen, nennt man Dreigelenkrahmen.[28] Bei ihnen sind beide Auflager unverschieblich und dementsprechend treten in beiden Auflagern Stützkräfte auf mit einer Vertikal- und einer Horizontalkomponente. Wie bei der Untersuchung des Gerberträgers werden wir auch hier zunächst das Tragwerk in seine Teile zerlegen und diese einzeln untersuchen (Bild 64). Unbekannt sind dann 6 Kraftgrößen, nämlich A_v, A_h, B_v, B_h, N_g und V_g.[29] Für ihre Bestimmung stehen $2 \cdot 3 = 6$ Gleichgewichtsbedingungen zur Verfügung (für jedes Teiltragwerk lassen sich drei Gleichgewichtsbedingungen anschreiben).

Für das linke Teilsystem wählen wir die Gleichungen (Abmessungen siehe Bild 65)

$$\sum V = 0: \quad A_v - V_g - 3{,}00 = 0$$

$$\sum H = 0: \quad A_h - N_g = 0$$

$$\sum M_g = 0: \quad 2{,}50 \cdot A_h - 4{,}5\, A_v + 1{,}5 \cdot 3{,}00 = 0$$

---

[27] Also etwa den senkrechten Stab biegesteif um die Ecke führen ohne Anordnung eines Gelenkes.

[28] Wir haben ein sehr ähnliches Tragwerk bereits in Abschnitt 2.2 kennengelernt: den Stabzweischlag. Während beim Stabzweischlag Kräfte nur in dem Knoten, dem Scheitelgelenk, angreifen, können sie beim Rahmen in jedem beliebigen Punkt der Stabachse wirken.

[29] Der Leser wird vielleicht irritiert sein durch die Verwendung des Buchstabens V für verschiedene Zwecke. Der Kleinbuchstabe „v" als Index bedeutet „vertikal", der Großbuchstabe „V" mit dem Index „g" steht für die „Komponente quer zur Stabachse der im Gelenk von einem Tragwerksteil auf den anderen übertragenen Kraft"

und für das rechte Teilsystem

$$\sum V = 0: \quad B_v + V_g - 3,46 = 0$$

$$\sum H = 0: \quad B_h - N_g + 2,00 = 0$$

$$\sum M_g = 0: \quad 2,50 \cdot B_h + 0,5 \cdot 3,46 - 4,5 \cdot B_v = 0$$

Sie liefern die 6 Unbekannten $A_v = 4,09$ kN; $A_h =$ 5,57 kN; $B_v = 2,37$ kN; $B_h = 3,57$ kN; $N_g = 5,57$ kN; $V_g = 1,10$ kN.

Wenn die Kenntnis der Gelenkkraft G bzw. ihrer beiden Komponenten N_g und V_g nicht erforderlich ist, zerlegen wir das Tragwerk nicht, sondern betrachten es als Ganzes (Bild 65). Dann sind nur die vier Stützkraft-Komponenten A_v, A_h, B_v und B_h unbekannt. Wird nicht mit Stützkraft-Komponenten sondern mit resultierenden Stützkräften gerechnet, so sind unbekannt diese beiden Resultierenden und deren Angriffsrichtung. Welche Gleichungen stehen zu deren Bestimmung zur Verfügung? Da sich das Gesamttragwerk weder verdrehen noch verschieben soll, müssen von den am Gesamtsystem wirkenden Kräften drei – mit den in Abschnitt 1.3.1.4 angegebenen Einschränkungen – beliebig wählbare Gleichgewichtsbedingungen erfüllt werden.

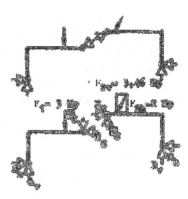

Bild 64 Zur Berechnung des Dreigelenkrahmes

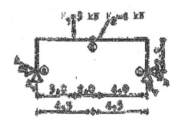

Bild 65 Abmessungen

Wir entscheiden uns für die drei Gleichgewichtsbedingungen[30]

$$\sum M_a = 0: \quad 9,0 \cdot B_v - 3,0 \cdot 3,00 - 5,0 \cdot 3,46 + 2,5 \cdot 2,00 = 0$$

$$\sum M_b = 0: \quad 9,0 \cdot A_v - 6,0 \cdot 3,00 - 4,0 \cdot 3,46 - 2,5 \cdot 2,00 = 0$$

$$\sum M_g = 0: \quad 4,5 \cdot A_v - 2,5 \cdot A_h - 1,5 \cdot 3,00 - 4,5 \cdot B_v + 2,5 \cdot B_h + 0,5 \cdot 3,46 = 0$$

Da außerdem die beiden Teilsysteme sich in Punkt g nicht gegeneinander verdrehen sollen, muss zusätzlich erfüllt werden

$$\sum M_{gl} = 0: \quad 4,5 \cdot A_v - 2,5 \cdot A_h - 1,5 \cdot 3,00 = 0 \qquad \text{bzw.}$$

$$\sum M_{gr} = 0: \quad 4,5 \cdot B_v - 2,5 \cdot B_h - 0,5 \cdot 3,46 = 0$$

---

[30] Diese etwas ungewöhnliche Wahl treffen wir, um hernach ohne zusätzliche Rechnung die lineare Abhängigkeit einer fünften Gleichung zeigen zu können.

Von diesen fünf Gleichungen können, wie wir wissen, nur vier linear voneinander unabhängig sein. Tatsächlich erkennt man auch sehr leicht die lineare Abhängigkeit der letzten drei Gleichungen: Die letzte etwa kann dargestellt werden als negative Differenz der dritten und vierten Gleichung. Da wir jedoch nur vier Gleichungen brauchen für die Berechnung der vier Unbekannten, ist das Problem eindeutig lösbar. Verarbeitung etwa der ersten, zweiten, vierten und fünften Gleichung liefert die Lösung

$$A_v = 4{,}09 \text{ kN}; \quad B_v = 2{,}37 \text{ kN}; \quad A_h = 5{,}57 \text{ kN}; \quad B_h = 3{,}57 \text{ kN}.$$

Das Ergebnis kontrollieren wir mit den Gleichungen

$$\sum V = 0: \ A_v + B_v - 3{,}00 - 3{,}46 = 0; \quad \sum H = 0: A_h - B_h - 2{,}00 = 0$$

Wir zeigen nun die graphische Lösung dieser Aufgabe (Bild 66) und gehen dabei so vor: Wir bestimmen die resultierenden Stützgrößen (und deren Richtung) getrennt für die auf dem linken Tragwerksteil wirkende Belastung und die auf dem rechten Tragwerksteil wirkende Belastung. Danach setzten wir die so gefundenen Teil-Stützkräfte zur Gesamtstützkraft zusammen. Um das Verfahren leichter verständlich zu machen, haben wir in den Bildern 66a und b zunächst getrennt dargestellt die Verarbeitung der Lasten F_1 bzw. F_2, bevor wir in Bild 66 c beide Arbeitsgänge zusammen darstellen (in Zukunft werden wir auf die Konstruktion der Bilder 66a und b verzichten).

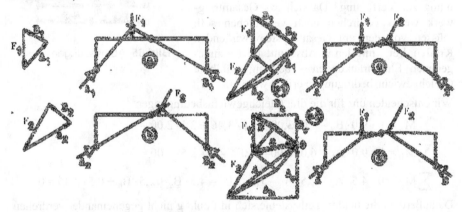

Bild 66 Graphische Lösung

Während Krafteck c1 nur die Bestimmung der Stützkräfte A und B zeigt, zeigt Krafteck c2 zusätzlich die Gelenkkraft G, die im Gelenk vom rechten Tragwerksteil auf den linken ausgeübt wird und vom linken Teil auf den rechten (Bild 67). Passen wir nun in diesem Krafteck Punkt 0 als Pol auf und dementsprechend die Linien A, G und B als Polstrahlen, so bilden die Parallelen zu ihnen im Lageplan ein Seileck, das durch die 3 Gelenke des Rahmens geht. Es sei hier schon vorweg erwähnt, dass ein Rahmen, dessen Form sich dieser Stützlinie anpasst, ein besonders günstiges, d.h. wirtschaftliches Tragverhalten zeigt. Bild 66d zeigt den so geformten Rahmen.

Für den Fall, dass mehrere Lasten auf den linken oder/und rechten Tragwerksteil wirken, geht man rechnerisch genauso vor, wie oben angezeigt. Für die graphische Bestimmung der Stützkräfte wird man zunächst die Lasten des linken Tragwerkteils zu einer resultierenden R $_l$ zusammenfassen und analog die Lasten des rechten Teils zu R $_r$. Wir zeigen hier die zeichnerische Lösung für den Fall der gleichmäßig verteilten Streckenlast (Bild 68).

Bild 67 Gelenkkraft G

Nachdem die Stützkräfte gefunden sind, interessiert noch die Form der Stützlinie. Wir teilen dazu die Belastung in 9 gleiche Teile und konstruieren mit diesen Einzellasten die Stützlinie in der unten beschriebenen Weise (Bild 69). Es ergibt sich ein Linienzug, der an eine quadratische Parabel erinnert. Hätten wir die Gleichlast in noch kleinere Teile geteilt, und zwar in unendlich viele unendlich kleine Teile, so hätte sich, wie wir später zeigen werden, als Stützlinie exakt eine Parabel ergeben.

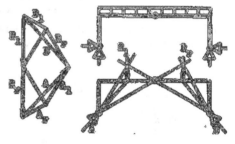

Bild 68 Graphische Behandlung von Streckenlasten

Wie oben erwähnt, zeigen Dreigelenkkonstruktionen, deren Form sich der Stützlinie anpasst, besonders wirtschaftliches Verhalten. Da nun das verteilt wirkende Eigengewicht stets einen beträchtlichen Teil der Gesamtbelastung eines Tragwerks darstellt und sich für diesen Teil bei Dreigelenkkonstruktionen als Stützlinie ein

Bild 69 Konstruktion der Stützlinie

Bogen ergibt, wird man einen Dreigelenkbogen häufig den Vorzug geben vor einem Dreigelenkrahmen, sobald es sich um große Lasten handelt (Brückenbauwerke u. Ä.).

Was die Bestimmung der Stützkräfte anbetrifft, so werden Dreigelenkbögen genauso behandelt wie Dreigelenkrahmen. Entscheidend ist in diesem Zusammenhang nicht die Form der beiden Tragwerksteile, sondern die Lage der drei Gelenke.

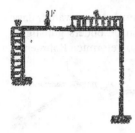

Bild 70 Widerlager
liegen ungleich hoch

Sowohl bei Rahmen als auch bei Bögen kommt es nun vor, dass die beiden Kämpfer (so nennt man bei diesen Konstruktionen die Widerlager) nicht auf gleicher Höhe angeordnet werden können, (sodass die Verbindungslinie der Auflagerpunkte geneigt ist).

Einen solchen Fall zeigen wir in Bild 70. Dabei bieten sich nun für die Zerlegung der resultierenden Stützkräfte in Komponenten (wir haben Ähnliches schon beim geneigten Einfeldbalken besprochen) von den unendlich vielen Möglichkeiten vor allem zwei an:

1. Die resultierenden Stützkräfte werden zerlegt in Komponenten in Richtung der Vertikalen und der Horizontalen

2. Die resultierenden Stützkräfte werden zerlegt in Komponenten in Richtung der Vertikalen und der Verbindungslinie der Auflager.

Im Folgenden zeigen wir die Bestimmungsgleichungen für die jeweiligen Stützkraftkomponenten in einer Gegenüberstellung:

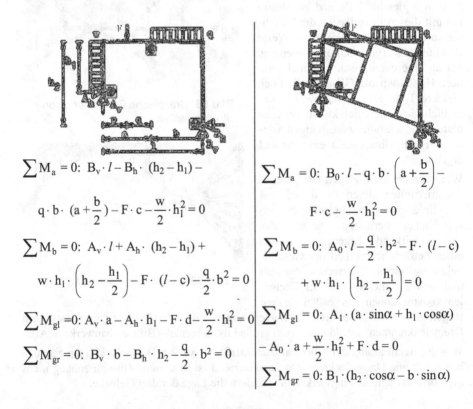

$$\sum M_a = 0: \ B_v \cdot l - B_h \cdot (h_2 - h_1) -$$

$$q \cdot b \cdot \left(a + \frac{b}{2}\right) - F \cdot c - \frac{w}{2} \cdot h_1^2 = 0$$

$$\sum M_b = 0: \ A_v \cdot l + A_h \cdot (h_2 - h_1) +$$

$$w \cdot h_1 \cdot \left(h_2 - \frac{h_1}{2}\right) - F \cdot (l - c) - \frac{q}{2} \cdot b^2 = 0$$

$$\sum M_{gl} = 0: A_v \cdot a - A_h \cdot h_1 - F \cdot d - \frac{w}{2} \cdot h_1^2 = 0$$

$$\sum M_{gr} = 0: \ B_v \cdot b - B_h \cdot h_2 - \frac{q}{2} \cdot b^2 = 0$$

$$\sum M_a = 0: \ B_0 \cdot l - q \cdot b \cdot \left(a + \frac{b}{2}\right) -$$

$$F \cdot c - \frac{w}{2} \cdot h_1^2 = 0$$

$$\sum M_b = 0: \ A_0 \cdot l - \frac{q}{2} \cdot b^2 - F \cdot (l - c)$$

$$+ w \cdot h_1 \cdot \left(h_2 - \frac{h_1}{2}\right) = 0$$

$$\sum M_{gl} = 0: \ A_1 \cdot (a \cdot \sin\alpha + h_1 \cdot \cos\alpha)$$

$$- A_0 \cdot a + \frac{w}{2} \cdot h_1^2 + F \cdot d = 0$$

$$\sum M_{gr} = 0: \ B_1 \cdot (h_2 \cdot \cos\alpha - b \cdot \sin\alpha)$$

$$-B_0 \cdot b + \frac{q}{2} \cdot b^2 = 0$$

Kontrolle:

Kontrolle:

$A_v + B_v - q \cdot b - F = 0 \quad (\Sigma V = 0)$

$A_0 - A_1 \cdot \sin \alpha + B_0 + B_1 \cdot \sin\alpha - q \cdot b$

$A_h - B_h + w \cdot h_1 = 0 \quad (\Sigma H = 0)$

$-F = 0 \quad (\Sigma V = 0)$

$A_1 \cdot \cos \alpha - B_1 \cdot \cos\alpha + w \cdot h_1 = 0$

$(\Sigma H = 0)$

Der Vorteil der rechts gezeigten Rechnung ist, dass sich dabei die Stützkräfte A_0 und B_0 unmittelbar aus den beiden ersten Gleichungen bestimmen lassen. Sie werden dann mit ihren Zahlenwerten in die beiden nächsten Gleichungen eingeführt, womit sich auch dort die Größen A_1 und B_1 unmittelbar ergeben. Demgegenüber müssen links zweimal zwei Gleichungen mit 2 Unbekannten gelöst werden.

Der Nachteil der rechts gezeigten Rechnung ist, dass die Größen A_0 und B_0 nicht die Projektion der jeweiligen resultierenden Stützkraft auf die Senkrechte darstellen. Die Größen A_1 und B_1 liefern hierzu einen Beitrag. Man muss also, falls die vertikalen Auflagerkräfte gebraucht werden, eine kleine Zusatzrechnung anschließen (Bild 71):

Bild 71 Zerlegung resultierender Stützkräfte

$$A_v = A_0 - A_1 \cdot \sin \alpha; \quad A_h = A_1 \cdot \cos \alpha$$
$$B_v = B_0 + B_1 \cdot \sin \alpha; \quad B_h = B_1 \cdot \cos \alpha$$

Diese Zusatzrechnung wird, wie wir noch sehen werden, immer erforderlich, wenn Querkraft- und Normalkraft-Linien[31] zu zeichnen sind. Wir stellen fest, dass sich beide Rechnungen im Arbeitsaufwand kaum voneinander unterscheiden: Was zunächst weniger aufgewendet werden kann, muss später mehr aufgewendet werden. Diese Erfahrung werden wir noch oft machen.

Wir wenden uns jetzt dem technisch wichtigen Fall der nur senkrechten Lasten zu. Da nämlich können wir die Untersuchung des Dreigelenkbogens zurückführen auf die Untersuchung eines Einfeldträgers mit gleicher Stützweite und gleichen Lasten, den wir Ersatzträger nennen (Bild 72). Die Stützkräfte A_0 und B_0 des Ersatzträgers ergeben sich aus dem Gleichungssystem

$$\sum M_b = 0: A_0 \cdot l - (F_1 \cdot p_1' + F_2 \cdot p_2' + ...): \quad \sum M_a = 0; B_0 \cdot l - (F_1 \cdot p_1 + F_2 \cdot p_2 + ...)$$

$$\text{zu } A_0 = \frac{1}{l} \sum F_i \cdot p_i'; \quad B_0 = \frac{1}{l} \sum F_i \cdot p_i$$

---

[31] Hierüber wird in Abschnitt 3 ausführlich gesprochen werden.

und sind, wie man leicht feststellt, genauso groß wie diejenigen des Dreigelenkbogens.

Die Stützkraft-Komponenten A_1 und B_1 – sie sind wegen des Fehlens horizontal angreifender Kräfte oder Kraftkomponenten einander gleich – ergeben sich aus einer Gleichgewichtsbetrachtung des linken oder rechten Teilbogens:

$$\sum M_{gr} = 0: \ B_1 \cdot f \cdot \cos \alpha + F_4 \cdot (b - p_4') - B_0 \cdot b = 0;$$

$$B_1 = \frac{B_0 \cdot b - F_4 \cdot (b - p_4')}{f \cdot \cos \alpha}$$

Ebenso wie die Größen A_0 und B_0 lässt sich auch diese Größe B_1 aus einer Betrachtung des Ersatzträgers gewinnen. Es ist nämlich, wie wir im nächsten Abschnitt zeigen werden, der in Klammern stehende Ausdruck gleich dem Biegemoment im Punkt g des Ersatzträgers. Wir nennen dieses Biegemoment M_{go} und schreiben dann

$$A_1 = B_1 = \frac{M_{go}}{f \cdot \cos \alpha}$$

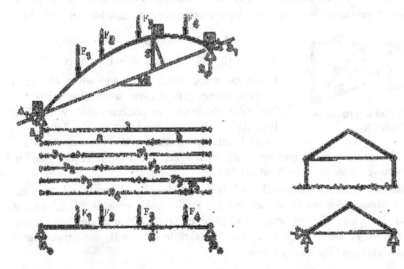

Bild 72 Parallele Lasten   **Bild 73** Dreigelenkrahmen mit Zugband

Bringen wir in dieser Gleichung das Glied $\cos \alpha$ auf die linke Seite, so ergibt sich wegen

$A_1 \cdot \cos\alpha = A_h = B_1 \cdot \cos \alpha = B_h = H$ die Beziehung

$$H = \frac{M_{go}}{f}$$

Es gibt nun in der Praxis Fälle, in denen man eine Dreigelenk-Konstruktion anordnen möchte, obwohl die vorhandene Stützkonstruktion zur Aufnahme größerer horizontaler Kräfte ungeeignet oder gar unfähig ist. Wir denken etwa an eine Halle mit gemauerten Wänden, wie in Bild 73 gezeigt. In solchen Fällen nimmt man den Bogenschub auf durch ein Zugband und kann dementsprechend eines der beiden Auflager wieder beweglich machen (das andere lässt man fest zur Aufnahme etwa auftretender horizontaler Lasten wie Wind o. Ä.).

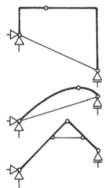

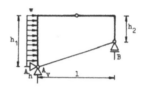

Bild 74 Einige Dreigelenk-Konstruktionen mit Zugband

Bild 75 Zur Berechnung einer Zugband-Konstruktion

Wir zeigen in Bild 74 einige andere Formen.[32] Was die Stützung anbetrifft, so unterscheidet sich eine derartige Dreigelenk – Konstruktion (mit Zugband) also nicht von einem Balken auf zwei Stützen. Entsprechendes gilt dann auch für die Bestimmung der Stützkräfte. Wir zeigen hier ein kleines Beispiel (Bild 75).

Die drei Gleichgewichtsbedingungen

$$\sum H \quad = 0: \ A_h + w \cdot h_1 = 0$$

$$\sum V \quad = 0: \ A_v + B = 0$$

$$\sum M_a \quad = 0: \ B \cdot l - w \cdot h_1^2 / 2 = 0$$

liefern die Stützkräfte $\quad A_v = -\dfrac{w \cdot h_1^2}{2 \cdot l}, \quad A_h = -w \cdot h_1, \quad B = \dfrac{w \cdot h_1^2}{2 \cdot l}$

---

[32] Dreigelenkkonstruktionen mit hochgezogenem Zugband sind mit Vorsicht zu verwenden, da hierbei i. A. unangenehm große horizontale Verschiebungen des beweglichen Auflagers auftreten.

Zahlenbeispiel zum Dreigelenkrahmen von Bild 74:

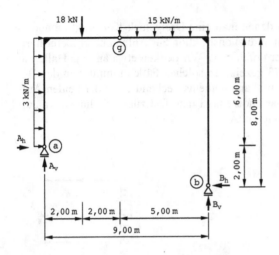

Bild 76

$$\sum M_a = 0 \qquad B_v \cdot 9,00 - B_h \cdot 2,00 - 3 \cdot 6,00 \cdot \frac{6,00}{2} - 18 \cdot 2,00 - 15 \cdot 5,00 \cdot 6,50 = 0$$

$$B_v \cdot 9,00 - B_h \cdot 2,00 - 577,5 = 0 \qquad\qquad (1)$$

$$\sum M_{gr} = 0 \qquad B_v \cdot 5,00 - B_h \cdot 8,00 - 15 \cdot 5,00 \cdot \frac{5,00}{2} = 0$$

$$B_v \cdot 5,00 - B_h \cdot 8,00 - 187,5 = 0 \qquad\qquad (2)$$

$$B_v \cdot 31,00 + 0 - 2122,5 = 0 \qquad\qquad (1) \cdot 4 - (2)$$

$$B_v = \frac{2122,5}{31,00} = \underline{68,47 \text{ kN}}$$

$$B_h = \frac{1}{2,00} \cdot (68,47 \cdot 9,00 - 577,5) = \underline{19.35 \text{ kN}} \qquad\qquad \text{mit (1)}$$

$$\sum M_b = 0 \qquad A_v \cdot 9,00 + A_h \cdot 2,00 + 3 \cdot 6,00 \cdot 5,00 - 18 \cdot 7,00 - 15 \cdot 5,00 \cdot \frac{5,00}{2} = 0$$

$$A_v \cdot 9,00 + A_h \cdot 2,00 - 223,5 = 0 \qquad\qquad (3)$$

$$\sum M_{gl} = 0 \quad A_v \cdot 4,00 - A_h \cdot 6,00 - 3 \cdot 6,00 \cdot \frac{6,00}{2} - 18 \cdot 2,00 = 0$$

$$A_v \cdot 4,00 - A_h \cdot 6,00 - 90 = 0 \tag{4}$$

$$A_v \cdot 31,00 + 0 - 760,5 = 0 \tag{(3)·3+(4)}$$

$$A_v = \frac{760,5}{31,00} = \underline{24,53 \, kN}$$

$$A_h = \frac{1}{2,00} \cdot (-24,53 \cdot 9,00 + 223,5) = \underline{1,35 \, kN} \qquad \text{mit (3)}$$

Gleichgewichtskontrollen am gesamten System

$$\sum V = 0 \quad \begin{array}{l} +24,53 + 68,47 - 18 - 15 \cdot 5,00 = 0 \\ +93 - 93 = 0 \end{array}$$

$$\sum H = 0 \quad \begin{array}{l} +1,35 + 3 \cdot 6,00 - 19,35 = 0 \\ +19,35 - 19,35 = 0 \end{array}$$

2.10 Räumliche Systeme

Bei unseren vorangegangenen Untersuchungen wurden die Tragwerke stets beansprucht durch Lasten in der Tragwerksebene. Wenn das auch in der Praxis der Regelfall ist,[33] so gibt es doch Fälle, in denen Lastebene und Tragwerksebene nicht zusammenfallen. Wir zeigen in diesem Abschnitt nach einer kurzen Einführung an zwei kleinen Beispielen die Bestimmung der Stützkräfte solcher Tragwerke. Zunächst fragen wir: Wie muss ein Baukörper gestützt werden, der durch beliebig gerichtete Lasten mit beliebigen Wirkungslinien beansprucht werden soll? Betrachten wir zur Beantwortung dieser Frage den in Bild 77 dargestellten Körper. Er muss zunächst gesichert werden gegen Verschieben in z-Richtung, in y-Richtung und in x-Richtung. Darüber hinaus muss die Stützung verhindern eine Drehung um die y-Achse, eine Drehung um die z-Achse und eine Drehung um die x-Achse.[34] Die Stützstäbe wurden nun so angeordnet und nummeriert, dass z. B. Stab 1 die als erstes genannte Bewegung verhindert, Stab 2 die als zweites genannte usw. Wir stellen fest: Es sind 6 Stützstäbe nötig. Zur Bestimmung der entsprechenden 6 Stütz-

---

[33] Die auf das räumliche Tragwerk wirkenden Lasten werden rechnerisch im Allgemeinen in Ebenen abgetragen. Nur wo dies nicht möglich ist, wird ein räumliches System untersucht.

[34] genauer gesagt: Eine Drehung um eine zur y-Achse parallele Achse durch den Punkt A usw.

kräfte S_1 bis S_6 stehen bekanntlich 6 Gleichgewichtsbedingungen zur Verfügung, sodass die Aufgabe eindeutig gelöst werden kann. Wir schreiben die folgenden 6 Gleichgewichtsbedingungen an:

$$\sum Y = 0:\ F_y + S_2 \cdot \cos\alpha + S_5 \cdot \cos\alpha = 0$$

$$\sum Z = 0:\ F_z - S_1 - S_4 - S_6 - S_2 \cdot \sin\alpha - S_3 \cdot \sin\alpha - S_5 \cdot \sin\alpha = 0$$

$$\sum X = 0:\ F_x - S_3 \cdot \cos\alpha = 0$$

$$\sum M_{AD} = 0:\ h \cdot F_x - a \cdot S_4 - a \cdot S_5 \cdot \sin\alpha = 0$$

$$\sum M_{AE} = 0:\ a \cdot F_x + a \cdot S_5 \cdot \cos\alpha = 0$$

$$\sum M_{AE} = = 0:\ h \cdot F_y - a \cdot F_z - a \cdot F_z + a \cdot S_6 = 0$$

Sie haben die Lösung

$$S_1 = F_y \cdot \left(\frac{h}{a} + \tan\alpha\right) - F_x \cdot \left(\frac{h}{a} + 2\cdot\tan\alpha\right)$$

$$S_2 = \frac{1}{\cos\alpha}\cdot(F_x - F_y)$$

$$S_3 = \frac{1}{\cos\alpha}\cdot F_x$$

$$S_4 = F_x \cdot \left(\frac{h}{a} + \tan\alpha\right)$$

$$S_5 = -\frac{1}{\cos\alpha}\cdot F_x$$

$$S_6 = F_z - F_y \cdot \frac{h}{a}$$

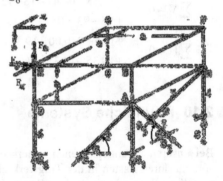

Bild 77 Zur Berechnung eines räumlichen Tragwerks

Wir kontrollieren diese Lösung mit den Gleichungen

$$\sum M_{EH} = 0:\ a \cdot (S_4 + S_5 \cdot \sin\alpha) - h \cdot S_3 \cdot \cos\alpha = 0$$

$$\sum M_{GH} = 0:\ a \cdot (S_4 + S_5 \cdot \sin\alpha) + a \cdot (S_1 + S_2 \cdot \sin\alpha + S_3 \cdot \sin\alpha) + h \cdot (S_2 + S_5) \cdot \cos\alpha = 0$$

$$\sum M_{DH} = 0:\ a \cdot (S_3 + S_5) \cdot \cos\alpha = 0$$

$$\sum M_{CB} = 0:\ h \cdot F_x - a \cdot F_z + a \cdot \left[(S_1 + S_6) + (S_2 + S_3)\cdot\sin\alpha\right] = 0$$

$$\sum M_{CD} = 0:\ h \cdot F_y - a \cdot \left[(S_1 + S_4) + (S_2 + S_3 + S_5)\cdot\sin\alpha\right] = 0$$

$$\sum M_{CG} = 0:\ a \cdot F_y + a \cdot S_2 \cdot \cos\alpha - a \cdot S_3 \cdot \cos\alpha = 0$$

Der Leser möge sich durch Einsetzen der oben angegebenen Ausdrücke in dieses Gleichungssystem von deren Richtigkeit überzeugen.

Wir haben übrigens bei dieser Betrachtung drei Arten von Auflagern kennengelernt: Das Auflager in Punkt A ist ein festes Auflager mit drei Stützkraftkomponenten, das Auflager in Punkt B gestattet eine Bewegung in einer Richtung und hat zwei Stützkraftkomponenten und das Auflager in Punkt D schließlich gestattet eine Bewegung auf einer Ebene und hat dementsprechend nur eine Stützkraftkomponente. Für diese verschiedenen Auflager haben sich keine Symbole allgemein eingebürgert. Wir wollen im Rahmen dieser kurzen Betrachtung in den beiden folgenden Beispielen keine neuen

Symbole einführen und greifen deshalb zurück auf die bekannten Symbole (Auflager ebener Systeme).

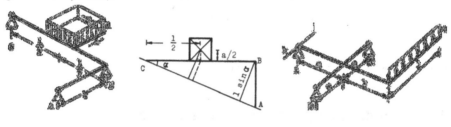

Bild 78 Belastung senkrecht zur Tragwerksebene

Bild 79 Draufsicht

Bild 80

Erstes Beispiel (Bild 78): Die Tragwerksebene sei horizontal und die Belastung wirke vertikal. Dann sind von Null verschieden nur die drei senkrechten Stützkräfte A, B und C. Die zwei waagerechten Stützkraftkomponenten etwa in A und die dritte etwa in B sind gleich Null und werden deshalb in diese Untersuchung von vornherein nicht aufgenommen.

Aus den drei Bestimmungsgleichungen (Bild 79)

$$\sum M_{BC} = 0: \quad A \cdot b + \frac{q}{2} \cdot a^3 = 0$$

$$\sum M_{AB} = 0: \quad C \cdot l - \frac{q \cdot l}{2} \cdot a^2 = 0$$

$$\sum M_{AC} = 0: \quad q \cdot a^2 \cdot \left(\frac{l}{2} \cdot \sin\alpha + \frac{a}{2} \cdot \cos\alpha \right) - B \cdot l \cdot \sin\alpha = 0$$

ergeben sich $A = -\dfrac{q \cdot a^2}{2} \cdot \dfrac{a}{b};$ $\quad B = \dfrac{q \cdot a^2}{2} \cdot \left(1 + \dfrac{a}{b}\right);$ $\quad C = \dfrac{q \cdot a^2}{2}$

Zur Kontrolle benutzen wir $\sum V = 0$: $A + B + C - q \cdot a^2 = 0$

Zweites Beispiel (Bild 80): Es gilt das beim ersten Beispiel Gesagte. Die drei Gleichgewichtsbedingungen

$$\sum M_{BC} = 0: \quad A \cdot a + q \cdot l \cdot b = 0$$

$$\sum M_{Ai} = 0: \quad (B - C) \cdot c + \frac{q \cdot l^2}{2} = 0$$

$$\sum M_{kj} = 0: \quad (B + C) \cdot a - q \cdot l \cdot (a + b) = 0$$

liefern die Lösung $A = -q \cdot l \cdot \dfrac{b}{a}$; $B = \dfrac{q \cdot l}{2} \cdot \left(1 + \dfrac{b}{a} - \dfrac{l}{2 \cdot c}\right)$; $C = \dfrac{q \cdot l}{2} \cdot \left(1 + \dfrac{b}{a} + \dfrac{l}{2 \cdot c}\right)$

Wir kontrollieren die Gleichgewichtsbedingung

$$\sum V = 0: \quad A + B + C - q \cdot l = 0$$

Der Leser möge diese Kontrolle ausführen.

2.11 Ermittlung äquivalenter Belastungen

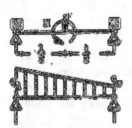

Bild 81 Zur Berechnung äquivalenter Streckenlasten

Im Rahmen einer statischen Untersuchung tritt normalerweise das Problem auf, ein mehr oder weniger kompliziertes Kraftsystem für die Berechnung durch ein einfacheres zu ersetzen (Reduktion). So wird für die Bestimmung der Stützkräfte etwa stets (mehr oder weniger unbewusst) eine Streckenlast durch eine äquivalente Einzellast ersetzt. Wir wollen hier als Vorbereitung für später folgende Überlegungen das Umgekehrte tun: Wir wollen ein Kraftsystem, bestehend aus einer vertikalen Einzellast und einem Moment, ersetzen durch ein anderes, bestehend aus einer linear veränderlichen Streckenlast (Bild 81). Die Äquivalenz beider Kraftsysteme erzwingen wir durch die Forderung, dass sie die gleiche Wirkung auf den ihnen unterliegenden Körper, den Balken, ausüben. Das tun sie, wenn sie die gleiche Resultierende in Vertikalrichtung und das gleiche Moment um einen beliebigen Bezugspunkt haben. Wir beschreiben die Streckenlast durch Angabe ihrer zwei Randordinaten q_l und q_r und erhalten dann

$$F = \frac{1}{2} \cdot (q_l + q_r) \, l \quad \text{(V-Komponenten sind gleich) und}$$

$$M + F \cdot \frac{l}{2} = \frac{1}{3} \cdot q_l \cdot l^2 + \frac{1}{6} \cdot q_r \cdot l^2 \quad \text{(Momente um Punkt b sind gleich)}.$$

Dieses Gleichungssystem hat die Lösung $q_l = \frac{F}{l} + \frac{6 \cdot M}{l^2}$ und $q_r = \frac{F}{l} - \frac{6 \cdot M}{l^2}$.

Die Lastordinate in Feldmitte beträgt $q_s = \frac{q_l + q_r}{2} = \frac{F}{l}$.

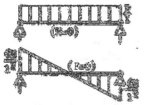

Bild 82 Die Grenzfälle
M = 0 und F = 0

Für die Sonderfälle M = 0 sowie F = 0 stellen wir das Ergebnis graphisch dar (Bild 82). Können wir ebenso vorgehen beim Ersetzen einer horizontal wirkenden Einzellast durch eine in derselben Ebene wirkende verteilte Belastung? Da hier nur eine Äquivalenzbedingung zur Verfügung steht, nämlich „gleiche Resultierende in horizontaler Richtung", kann die Lastkurve eine beliebige Form haben. Da im Rahmen später folgender Untersuchungen eine an den Enden verschwindende parabolisch verteilte Belastung Bedeutung gewinnen wird, geben wir hier deren Maximal-Ordinate an (Bild 83).

Bild 83 Parabolisch verteilte horizontal wirkende Streckenlast

Aus $H = \frac{2}{3} \cdot p_m \cdot l$ ergibt sie sich $p_m = \frac{3}{2} \cdot \frac{H}{l}$.

Die Schraffur der Parabelfläche in Bild 80 deutet nicht auf die Richtung der Belastung hin – sie wirkt selbstverständlich horizontal – sondern gibt nur an, in welcher Richtung die Ordinaten der Lastkurve zu messen sind.

Zusammenfassung von Kapitel 2

Eine Betrachtung der behandelten Stabtragwerke zeigt, dass sie in zwei Gruppen eingeteilt werden können: Einteilige Tragwerke und mehrteilige Tragwerke.

Einteilig sind Pendelstab, Einfeldbalken, Balken auf zwei Stützen mit Kragarm und Kragträger. Mehrteilig sind Stabzweischlag, Gerberträger und Dreigelenkkonstruktion.

Ein einteiliges ebenes Tragwerk, das belastet wird durch Kräfte eines allgemeinen ebenen Kraftsystems (Lastebene = Tragwerksebene), wird unverschieblich gestützt durch entweder mindestens drei Stützkräfte, die nicht alle auf einen und denselben Punkt gerichtet sind, oder mindestens zwei Stützkräfte und ein „Stützmoment" (dieser Name ist schon anderweitig vergeben, man spricht deshalb von „Einspannmoment"). Stützkräfte und Einspannmomente nennen wir gesamtheitlich Stützgrößen. Für die rechnerische Bestimmung der drei Stützgrößen eines einteiligen ebenen

Tragwerks stehen stets drei Gleichgewichtsbedingungen als Bestimmungsgleichungen zur Verfügung. Bei der zeichnerischen Bestimmung der Stützgrößen handelt es sich i. A. um das Zerlegen der Resultierenden in zunächst zwei Komponenten, wobei die Wirkungslinie einer Komponente und ein Punkt der Wirkungslinie der zweiten Komponente gegeben sind.

Die Stützgrößen eines einteiligen Tragwerkes der hier behandelten Art sind für gegebene Lasten von der Form des Tragwerks unabhängig und abhängig nur von der Lage der Stützpunkte. Sie sind für das Tragwerk äußere Lasten ebenso wie die angreifenden Lasten. Ein Unterschied besteht allerdings: Wenn die angreifenden Lasten die unabhängigen Variablen darstellen, sind die Stützgrößen die (von ihnen) abhängigen Variablen. Die Stützgrößen eines gegebenen Tragwerks sind abhängig 1) von der Größe einer Last und 2) von ihrer Wirkungslinie bzw. ihrem Angriffsort. Während die Frage nach der Abhängigkeit von der Größe trivial ist, führt die Frage nach der Abhängigkeit vom Angriffsort auf die Bestimmung von Einflusslinien.

3 Schnittgrößen statisch bestimmter Stabtragwerke

Nachdem wir im vorigen Kapitel gesehen haben, wie die Stützgrößen von Tragwerken der hier behandelten Art ermittelt werden, können wir nun davon ausgehen, dass alle von außen auf ein Tragwerk wirkenden Lasten, wir nennen sie äußere Kräfte, bekannt sind. Wir sind damit in der Lage, für ein Bauwerk eine Lastzusammenstellung zu machen.

Welcher Schritt ist bei der Berechnung eines Bauwerks bzw. seiner Tragwerke nun der nächste? Das Ziel der Berechnung wird in aller Regel sein der konstruktive Entwurf des Bauwerks, die Bemessung seiner Tragwerke. Dazu muss bekannt sein deren Beanspruchung. Ohne die Absicht, das Phänomen „Beanspruchung" zu präzisieren, können wir darüber die folgenden Angaben machen: Die Beanspruchung eines Tragwerks wird an verschiedenen Stellen unterschiedlich sein.

Zahlenangaben wird man deshalb zunächst nur machen können über die Beanspruchung in einzelnen Punkten einzelner Querschnitte eines Tragwerks. Diese Beanspruchung wird abhängen von der Belastung, von der Form des Querschnitts und von dessen Größe. Man kann nun den Einfluss von Form und Größe eines Querschnitts zunächst ausklammern, indem man die (sozusagen resultierende) Beanspruchung einer ganzen Querschnittsfläche bestimmt.

Sie lässt sich angeben durch Größe, Richtung und Lage der in dieser Querschnittfläche wirkenden Kraft; oder auch z. B. bei Stabwerken durch das Versetzungsmoment, das entsteht, wenn diese Kraft in den Schwerpunkt der Querschnittsfläche verschoben wird, zusammen mit deren Komponenten in Stabrichtung und quer dazu. Hierbei handelt es sich um Kräfte, die im Inneren eines Tragwerkes wirken, weshalb man sie im Gegensatz zu den oben erwähnten äußeren Kräften innere Kräfte nennt. Man spricht gesamtheitlich von Schnittgrößen, was zusammenhängt mit der Methode ihrer Ermittlung. Diese Methode zeigen die folgenden Ausführungen.

Sie zeigen auch, wie man ausgehend von der Kenntnis der Beanspruchung einiger weniger Querschnitte zu einer Darstellung des Beanspruchungszustandes des ganzen Tragwerks kommt.

3.1 Das Schnittprinzip

In Kapitel 2 haben wir eine Reihe von Tragwerken kennengelernt. Wir haben sie untersucht und dabei mit Hilfe von Gleichgewichtsbetrachtungen ihre Stützkräfte bzw. Einspannmomente bestimmt. Somit können wir nun alle von außen auf das

Tragwerk wirkenden Kräfte und Momente – man nennt sie gesamtheitlich äußere Kräfte – als bekannt voraussetzen. Dieses Kapitel behandelt nun die Bestimmung innerer Kräfte. Wir haben einen Typus innerer Kräfte schon bei der Untersuchung des Gerberträgers und des Dreigelenkrahmens kennengelernt, die sogenannten Gelenkkräfte. Wir konnten sie sichtbar, sozusagen zu äußeren Kräften machen, indem wir das Gesamtsystem zerlegten in Teilsysteme, es in den Gelenken zerschnitten. Durch dieses Zerschneiden zerstörten wir den Zusammenhang des Tragwerks, speziell zerstörten wir diejenigen Kräfte, die von einem Teil des Tragwerks über die Schnittfläche auf den anderen Teil des Tragwerks ausgeübt wurden.

Diese zerstörten Kräfte ersetzten wir durch von außen angebrachte Kräfte, durch äußere Kräfte. Die Bestimmung dieser im Schwerpunkt der Schnittflächen angebrachten Kräfte wurde möglich dadurch, dass natürlich auch alle Teile eines Tragwerks im Gleichgewicht sein müssen, wenn das Tragwerk als Ganzes im Gleichgewicht ist.

Dieses geniale Prinzip, ein Tragwerk in Gedanken zu zerschneiden und die dabei zerstörten inneren Kräfte durch äußere zu ersetzen und dadurch sichtbar und bestimmbar zu machen, nennt man das Schnittprinzip. Es ist nicht nur auf Gelenkstellen anwendbar, sondern kann an jeder beliebigen Stelle eines Tragwerks angewendet werden. Die damit bestimmten inneren Kräfte nennt man Schnittkräfte oder allgemeiner Schnittgrößen.[35]

3.2 Die Schnittgrößen

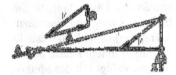

Bild 84
Stützkräfte

Wir wollen nun herausfinden, welche Schnittgrößen bei einem ebenen System auftreten können und betrachten dazu den wie dargestellt belasteten Balken auf zwei Stützen. Zunächst untersuchen wir den Balken als Ganzes (Bild 84) und ermitteln – graphisch – die resultierenden Stützkräfte A und B. Dann zerschneiden wir den Balken an einer beliebigen Stelle m (Bild 85) und ermitteln diejenige Kraft S, die wir auf den linken Tragwerksteil bringen müssen, um ihn im Gleichgewicht zu halten. Sie ergibt sich unmittelbar aus der resultierenden Stützkraft A und ist ihr entgegengesetzt gleich, wirkend auf der gleichen Wirkungslinie.

---

[35] Tatsächlich haben wir natürlich dieses Schnittprinzip bei der Stützkraftbestimmung schon angewendet. Wir haben die „Überkonstruktion" von ihren Auflagern getrennt und die dabei zerstörten Kräfte durch die Stützkräfte etc. ersetzt. Neu ist hier, dass die Überkonstruktion selbst zerschnitten wird.

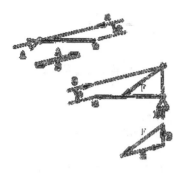

Bild 85
Ermittlung der Schnittkraft S

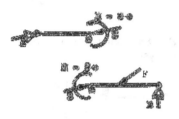

Bild 86
Das Versetzungsmoment

Eine gleichgroße Kraft S ergibt sich, wenn wir den rechten Tragwerksteil untersuchen. Beide Kräfte S wirken auf einer gemeinsamen Wirkungslinie in entgegengesetzter Richtung. Wir versetzen nun diese Schnittkräfte S in die Schwerpunkte der zugehörigen Schnittflächen (Bild 86), wo dann natürlich zusätzlich die Versetzungsmomente $M = S \cdot e$ angebracht werden müssen. Schließlich zerlegen wir die Schnittkräfte S in ihre orthogonalen Komponenten, die wir N und V nennen (Bild 87). Natürlich können wir diese Schnittkraftkomponenten zusammen mit dem Versetzungsmoment auch rechnerisch ermitteln.

Dabei ist es wieder gleichgültig, ob wir den linken Tragwerksteil oder den rechten betrachten, in jedem Fall stehen uns drei Gleichgewichtsbedingungen zur Bestimmung von drei Unbekannten zur Verfügung. Es wird nun allerdings erforderlich, diejenige Stelle m auf der Stabachse zahlenmäßig festzulegen, an der die Schnittgrößen bestimmt werden sollen. Das kann auf mancherlei Weise geschehen. Eingebürgert hat sich, den Abstand vom linken Auflager anzugeben. Wir tun das mit Hilfe der Koordinate x, die entlang der Stabachse läuft. Da später weitere Koordinaten gebraucht werden, führen wir ein vollständiges räumliches Koordinatensystem x-y-z ein (Bild 88). Damit kann nun die Rechnung begonnen werden. Wir bestimmen zunächst die Stützkräfte A_v, A_h und B. Die Forderung, dass sich das Gesamttragwerk im Gleichgewicht befindet, liefern die 3 Gleichungen (Bild 89).

$$\sum M_a = 0: \quad l \cdot B - a \cdot F \cdot \sin \alpha = 0$$

$$\sum M_b = 0: \quad l \cdot A_v - b \cdot F \cdot \sin \alpha = 0$$

$$\sum H = 0: \quad A_h - F \cdot \cos \alpha = 0$$

mit der Lösung

$$A_v = F \cdot \frac{b}{l} \cdot \sin \alpha$$

$$A_h = F \cdot \cos \alpha$$

$$B = F \cdot \frac{a}{l} \cdot \sin \alpha$$

Wir bestimmen nun die Schnittgrößen an der Stelle m aus der Forderung, dass sich das linke Teilsystem im Gleichgewicht befindet (Bild 90).

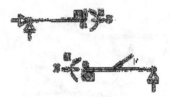

Die Gleichungen

$$\sum V = 0: \quad V - A_v = 0$$

$$\sum H = 0: \quad N + A_h = 0$$

Bild 87
Schnittkraftkomponenten

$$\sum M_m = 0: \quad M - A_v \cdot x = 0$$

liefern die Lösung

$$V = A_v = F \cdot \frac{b}{l} \cdot \sin \alpha;$$

$$N = -A_h = -F \cdot \cos \alpha;$$

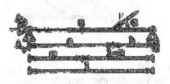

$$M = A_v \cdot x = F \cdot \frac{b}{l} \cdot x \cdot \sin \alpha.$$

Bild 88 Räumliches Koordinatensystem

(*Achtung! In der ersten Gleichgewichtsbedingung:*
$$\sum V = 0: \quad V - A_v = 0 \text{ haben wir den Buchstaben}$$
V für zwei verschiedene Dinge benutzt. Das ist grundsätzlich falsch, aber praxisüblich! Wir wollen das hier in Zukunft auch weiterhin tun. Bei der Summe von V sind alle Kräfte in vertikaler Richtung gemeint, bei der zweiten Verwendung des Buchstabens V ist nur die Querkraft an der Schnittstelle gemeint!)

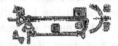

Bild 89 Bezeichnungen

Als Kontrollgleichung können wir etwa benutzen
$$\sum M_a = 0: \quad V \cdot x - M = 0$$

Bild 90

Selbstverständlich, ergeben sich die gleichen Schnittgrößen, wenn wir das rechte Teilsystem untersuchen (Bild 91).

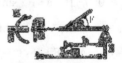

Die Gleichungen

$$\sum V = 0: \quad V + B - F \cdot \sin \alpha = 0$$

Bild 91

$$\sum H = 0: \quad N + F \cdot \cos \alpha = 0$$

$$\sum M_m = 0: \quad M - B \cdot (l - x) + F \cdot \sin \alpha \cdot (l - x - b) = 0$$

liefern die Lösung

$$V = F \cdot \sin\alpha - B = F \cdot \sin\alpha \cdot \left(1 - \frac{a}{l}\right) = F \cdot \frac{b}{l} \cdot \sin\alpha; \quad N = -F \cdot \cos\alpha;$$

$$M = B \cdot (l - x) - F \cdot \sin\alpha \cdot (l - x - b) = F \cdot \frac{a}{l} \cdot \sin\alpha \cdot (l - x) - F \cdot \sin\alpha \cdot (a - x)$$

$$M = F \cdot \frac{b}{l} \cdot x \cdot \sin\alpha$$

Als Kontrollgleichung können wir etwa benutzen

$$\sum M_b = 0: \quad M + V \cdot (l - x) - F \cdot b \cdot \sin\alpha = 0.$$

Nach dem gleichen Verfahren lassen sich nun die Schnittgrößen jedes statisch bestimmten ebenen Systems an jeder beliebigen Stelle bestimmen. Bevor wir daran gehen, dies an einigen Fällen auszuprobieren, muss

Bild 92 Richtung positiver Schnittgrößen

noch etwas gesagt werden über die von uns eingeführten Schnittkraft-Komponenten. Die Berechnung solcher Schnittkraft-Komponenten nimmt nämlich in der Untersuchung von Tragwerken breitesten Baum ein, weshalb man sich geeinigt hat, diese einheitlich und sozusagen verbindlich zu definieren. Natürlich steht es jedem frei, sich dieser – man kann schon fast sagen: internationalen – Regelung nicht zu fügen und mit einer eigenen Definition zu arbeiten und diese bei jeder Berechnung ausdrücklich bekanntzugeben, etwa anhand einer Skizze (vergleichbar der üblichen Stützkraft-Skizze). Ebenso natürlich ist es jedoch, dass wir von dieser Freiheit keinen Gebrauch machen und uns in Zukunft an diese allgemein akzeptierte Definition halten werden. Hier ist sie: Die Größe, Richtung und Lage der durch die Schnittfläche auf den dahinter liegenden Tragwerksteil wirkenden resultierenden Schnittkraft S wird bei einem ebenen System angegeben durch drei Größen:

1. Eine normal(= senkrecht) zur Querschnittsfläche[36] im Flächenschwerpunkt wirkende Kraft N, Normalkraft genannt,[37]

2. eine tangential in der Querschnittsfläche im Flächenschwerpunkt wirkende Kraft V, Querkraft (manchmal auch Schubkraft) genannt, und

3. ein senkrecht zur Lastebene gerichtetes[38] Moment wird Biegemoment genannt.

---

[36] Querschnittsfläche: Eine Fläche *quer* zur Stabachse.

[37] N wirkt längs der Stabachse und wird deshalb auch Längskraft genannt.

[38] also in der Lastebene Wirkungen hervorrufendes - wirkendes - Moment. Bei der oben gemachten Richtungsangabe wird an den Momentenvektor gedacht.

Ihre positiven Richtungen sind im Bild 92 angegeben.
Man erkennt: Positive Schnittgrößen wirken
- auf positiven Schnittflächen in positiver Richtung,
- auf negativen Schnittflächen in negativer Richtung.
Aus einer positiven Schnittfläche kommt der Pfeil der Stabachsenkoordinate x heraus, in eine negative Schnittfläche zeigt der Pfeil hinein.

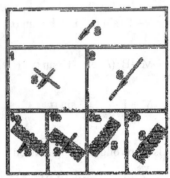

Der Leser muss sich klar darüber werden, dass die Schnittgrößen definiert sind in Bezug auf den Teil-Körper, auf den sie wirken, und nicht in Bezug auf den Raum. Wir erläutern dies an einem kleinen

Bild 93 Definition der Schnittgröße

Beispiel und nehmen dazu an, der nebenstehende Kraftvektor S stelle eine Schnittkraft dar (Bild 93). Ob es sich bei dieser Schnittkraft um eine Normalkraft handelt oder eine Querkraft, kann erst gesagt werden, wenn die Lage der Querschnittsfläche angegeben wird: Im ersten Fall handelt es sich um eine Normalkraft, im zweiten Fall um eine Querkraft. Ob nun diese Schnittkräfte positiv oder negativ sind kann erst gesagt werden, wenn zusätzlich der hinter der Querschnittsfläche liegende Teil-Körper angedeutet wird: So haben wir es in Bild 93 in den Teilbildern 1a und 2a mit einer positivem Normalkraft bzw.

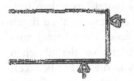

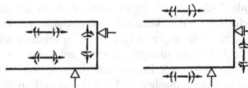

Bild 94   **Bild 95** Zur Lage des Definitionselementes

Querkraft zu tun, während in den Bildern 1b und 2b eine negative Normalkraft bzw. Querkraft wirkt. Mit dieser Regelung sind die Verhältnisse am Element eindeutig festgelegt. Nicht eindeutig fest liegt jedoch die Lage des Elementes an den verschiedenen Stellen des Tragwerks. Zwar lässt sich bei einfachsten Tragwerken (etwa geneigten Trägern) die normale Lage des (Definitions-) Elementes angeben, bei vielen anderen Tragwerken geht das aber nicht, wie ein Blick auf das in Bild 94 dargestellte System zeigt. Man könnte die der Berechnung zugrunde gelegte Lage angeben, indem man etwa das Element an einigen Stellen neben die Stabachse zeichnet, wie wir es in Bild 95 für zwei „gleichberechtigte" Möglichkeiten getan haben. Dieses Verfahren ist jedoch aufwendig, man hat deshalb eine einfachere Darstellung gewählt: Man zeichnet eine Kette von Elementen (ohne Schnittgrößen) auf diejenige Seite des

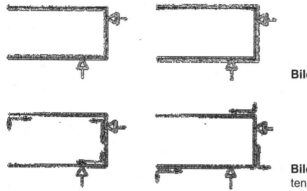

Bild 96 Die gestrichelte Linie

Bild 97 Lage des Koordinatensystems

Stabes, auf der ein positives Biegemoment Zugspannungen – also eine Faserverlängerung – verursacht. Diese Kette nennt man die „gestrichelte Linie" (Bild 96). Damit liegen positive Schnittgrößen eindeutig fest:

Die Richtung positiver Biegemomente ist durch die Lage der gestrichelten Linie gegeben und die Richtung positiver Normal- und Querkräfte ist von der Orientierung des Elementes unabhängig (wie unser Beispiel zeigt): Eine positive Normalkraft zeigt stets von der Querschnittsfläche fort und eine positive Querkraft ist am rechten Ende des Teil-Körpers stets nach unten gerichtet und am linken Ende [39] stets nach oben, unabhängig von der Blickrichtung.

Abschließend erwähnen wir noch eine andere Bezeichnungsweise, bei der man die (positiven) Richtungen der Schnittgrößen auf das in Bild 97 eingeführte geometrische Koordinatensystem bezieht. Ein Blick auf Bild 92 zeigt: Positive Schnittgrößen wirken auf positiven Schnittufern[40] in positiver Koordinatenrichtung und auf negativen Schnittufern in negativer Koordinatenrichtung. Wir werden bei den folgenden Untersuchungen von beiden Bezeichnungsweisen Gebrauch machen. Ist die Angabe eines Koordinaten-Systems erforderlich, etwa weil Biegelinien berechnet werden oder Schnittkraft – Funktionen angegeben werden, so werden wir nicht zusätzlich die gestrichelte Linie angeben. Bei ebenen Systemen liegt die gestri-

Bild 98 Zur Definition positiver Biegemomente

---

[39] genauer muss es heißen an der am rechten (linken) Ende des Teilkörpers befindlichen Querschnittsfläche ...

[40] Eine Querschnittsfläche, deren Flächen-Normale in Richtung einer positiven Koordinatenachse zeigt, nennt man ein positives Schnittufer.

Tafel 2

	räumliches System	
ebenes System	Ein positives Schnittmoment am positiven Schnittufer weist in positiver Koordinatenrichtung	Positive Biegemomente verursachen auf positiven Stabseiten positive Spannungen

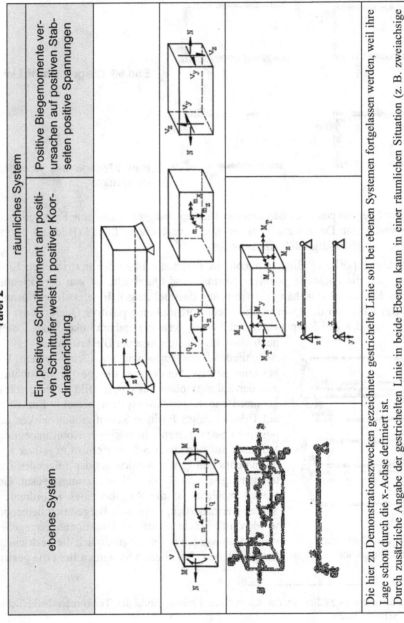

Die hier zu Demonstrationszwecken gezeichnete gestrichelte Linie soll bei ebenen Systemen fortgelassen werden, weil ihre Lage schon durch die x-Achse definiert ist.
Durch zusätzliche Angabe der gestrichelten Linie in beide Ebenen kann in einer räumlichen Situation (z. B. zweiachsige Biegung) die jeweils verwendete Definition positiver Momente dargestellt werden: Positive Biegemomente erzeugen Zugspannungen auf der gestrichelten Seite. Bei ebenen Systemen ist die zusätzliche Angabe der gestrichelten Linie unsinnig.

chelte Linie stets auf der positiven Stabseite
(alle Punkte dieser Stabseite haben positive
z-Werte), da ein in einem positiven Schnittufer wirkendes und in Richtung der positiven y-Achse weisendes Moment M_y auf der
positiven Stabseite Zugspannungen erzeugt
(Bild 98). Bei räumlichen Systemen ist das –
wie wir bei der Untersuchung der zweiach-
sigen Biegung noch sehen werden – leider
nicht so.

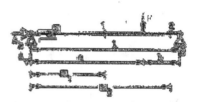

Bild 99 Zur Berechnung von
Schnittgrößen

Ein auf einem positiven Schnittufer wirkendes Moment M_z in Richtung der positiven z-Achse ruft nämlich Zugspannungen auf der Stabseite negativer y-Werte hervor.

Endlich haben wir die Schnittgrößen ausreichend definiert und können mit ihrer
Bestimmung beginnen. Als Erstes untersuchen wir den in Bild 99 dargestellten Einfeldträger, beansprucht durch eine vertikale Einzellast. Wir wollen die Schnittgrößen
bestimmen an den Stellen 1 und 2, die durch die Werte x_1, und x_2 festgelegt sind.

Die Stützkräfte A_v, A_h und B werden bestimmt aus der Forderung nach Gleichgewicht des Gesamtsystems:

$$\sum M_a = 0: \quad B \cdot l - F \cdot a = 0 \qquad\qquad B = F \cdot \frac{a}{l}$$

$$\sum M_b = 0: \quad A_v \cdot l - F \cdot b = 0 \quad \text{liefert die Lösung} \quad A_v = F \cdot \frac{b}{l} = F \cdot \frac{l-a}{l} = F \cdot (1 - \frac{a}{l})$$

$$\sum H = 0: \quad A_h = 0 \qquad\qquad\qquad A_h = 0$$

Zur Bestimmung der Schnittgrößen in Punkt 1 zerlegen wir das Tragwerk – wie dargestellt – in zwei Teile und bringen in den Schnittflächen (in deren Schwerpunkten)
die Schnittgrößen an. Es kann nun das linke oder das rechte Teiltragwerk untersucht
werden, um die Schnittgrößen zu bestimmen. Wir werden hier Beides vorführen und
dabei zeigen, dass die Untersuchung des linken Teiles günstiger ist, da nur eine
Kraft – die Stützkraft A_v – in die Berechnung eingeht, während bei der Untersuchung des rechten Teiles die zwei Lasten F und B in die Rechnung eingehen. In beiden Fällen freilich ergeben sich die Schnittgrößen als Lösung eines Gleichungssystems, das aus den Gleichgewichtsbedingungen besteht.

Betrachtung des linken Teils: Betrachtung des rechten Teils:

$$\sum M_1 = 0: F \cdot \left(1 - \frac{a}{l}\right) \cdot x_1 - M_1 = 0$$

$$\sum M_1 = 0:$$

$$F \cdot \frac{a}{l} \cdot (l - x_1) - F \cdot (l - x_1 - b) - M_1 = 0$$

$$\sum V = 0: V_1 - F \cdot \left(1 - \frac{a}{l}\right) = 0$$

$$\sum V = 0: V_1 - F + F \cdot \frac{a}{l} = 0$$

$$\sum H = 0: N_1 = 0$$

$$\sum H = 0: N_1 = 0$$

Lösung: Lösung:

$$M_1 = F \cdot \left(1 - \frac{a}{l}\right) \cdot x_1, \quad V_1 = F \cdot \left(1 - \frac{a}{l}\right)$$ $$M_1 = F \cdot \left(1 - \frac{a}{l}\right) \cdot x_1, \quad V_1 = F \cdot \left(1 - \frac{a}{l}\right)$$

Auf die gleiche Weise bestimmen wir nun die Schnittgrößen an der Stelle 2:

Betrachtung des linken Teiles: Betrachtung des rechten Teiles:

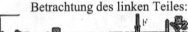   

$$\sum M_2 = 0:$$

$$M_2 + F \cdot (x_2 - a) - F \cdot \left(1 - \frac{a}{l}\right) \cdot x_2 = 0$$

$$\sum M_2 = 0: M_2 - F \cdot \frac{a}{l} \cdot (l - x_2) = 0$$

$$\sum V = 0: V_2 + F - F \cdot \left(1 - \frac{a}{l}\right) = 0$$

$$\sum V = 0: V_2 + F \cdot \frac{a}{l} = 0$$

$$\sum H = 0: N_2 = 0$$

$$\sum H = 0: N_2 = 0$$

Lösung: Lösung:

$$M_2 = F \cdot \frac{a}{l} \cdot (l - x_2), \quad V_2 = -F \cdot \frac{a}{l}$$ $$M_2 = F \cdot \frac{a}{l} \cdot (l - x_2), \quad V_2 = -F \cdot \frac{a}{l}$$

Aus dem oben erwähnten Grunde ist in diesem Fall die Untersuchung des rechten Teiles günstiger.

3.3 Zustandslinien und Einflusslinien

Im Rahmen einer neuen Überlegung fragen wir jetzt:

1. Können wir aufgrund der obigen Ergebnisse etwas aussagen über die Schnittgrößen in anderen Punkten des Tragwerks (Bild 100) infolge der gleichen Belastung (bei unveränderter Belastung)?

2. Können wir aufgrund der obigen Ergebnisse etwas aussagen über die Schnittgrößen in den Punkten 1 und 2, wenn die Last F ihren Angriffsort ändert, also wandert?

Bild 100

Wir beantworten zunächst die Frage 1 und betrachten dazu die Werte der Schnittgrößen in Punkt 1. Aus ihnen können wir die Werte der Schnittgrößen für Punkt 1a unmittelbar ablesen und wir erhalten

$$M_{1a} = F \cdot \left(1 - \frac{a}{l}\right) \cdot x_{1a}; \quad V_{1a} = F \cdot \left(1 - \frac{a}{l}\right); \quad N_{1a} = 0$$

Entsprechend ergibt sich in Punkt 1b

$$M_{1b} = F \cdot \left(1 - \frac{a}{l}\right) \cdot x_{1b}; \quad V_{1b} = F \cdot \left(1 - \frac{a}{l}\right); \quad N_{1b} = 0$$

In Punkt 1c finden wir entsprechende Werte und stellen allgemein fest

$$M(x) = F \cdot \left(1 - \frac{a}{l}\right) \cdot x; \quad V = F \cdot \left(1 - \frac{a}{l}\right); \quad N = 0$$

Für welche Menge von Punkten 1i gelten nun diese Werte? Nun, für alle Punkte im Bereich unmittelbar rechts von Auflager a bis mittelbar links von Lastangriffspunkt von F; diesen Bereich erklären wir durch $0 < x < a$ und nennen ihn Bereich I.

Schneiden wir den Träger etwa in Punkt 2a und untersuchen die dabei entstehenden Teiltragwerke (wir zeigen hier nur das linke Teilsystem), so entsteht das gleiche Bild wie bei der Bestimmung der Schnittgrößen in Punkt 2 und es ergibt sich unmittelbar

$$M_{2a} = F \cdot \frac{a}{l} \cdot (l - x_{2a}); \quad V_{2a} = -F \cdot \frac{a}{l}; \quad N_{2a} = 0$$

Entsprechend erhalten wir in Punkt 2b die Schnittgrößen

$$M_{2b} = F \cdot \frac{a}{l} \cdot (l - x_{2b}); \quad V_{2b} = -F \cdot \frac{a}{l}; \quad N_{2b} = 0$$

Für alle Punkte 2i rechts von F und links von b gilt also

$$M(x) = F \cdot \frac{a}{l} \cdot (l - x); \qquad V(x) = -F \cdot \frac{a}{l}; \quad N(x) = 0$$

Wir erklären diesen Bereich durch $a < x < l$ und nennen ihn Bereich II.
Eine kleine Übersicht fasst die Ergebnisse unserer Überlegungen zusammen (Tafel 3).

Tafel 3 Funktionen der Zustandslinien

System		
Geltungsbereich	Bereich I $0 < x < a$	Bereich II $a < x < l$
Biegemoment	$M_I(x) = F \cdot \left(1 - \frac{a}{l}\right) \cdot x$	$M_{II}(x) = F \cdot \frac{a}{l} \cdot (l - x)$
Querkraft	$V_I = F \cdot \left(1 - \frac{a}{l}\right)$	$V_{II} = -F \cdot \frac{a}{l}$
Normalkraft	$N_I = 0$	$N_{II} = 0$

Bekanntlich gewinnen solche Beziehungen an Aussagekraft, wenn man neben den arithmetischen Ausdrücken die entsprechenden Kurven vor sich hat. Wir wollen sie deshalb angeben und beginnen mit der Darstellung des Verlaufes des Biegemomentes. Aus der Mathematik sind uns Darstellungen von Funktionen y = f(x) geläufig. Durch Angabe der Abszissenachse (x-Achse) und Ordinatenachse (y-Achse) spannt man eine x-y-Ebene auf, bestimmt für einige Werte von x die zugehörigen Werte von y, gibt die Wertepaare eventuell in einer Wertetabelle an und sucht dann die entsprechenden Punkte in der x-y-Ebene auf. Schließlich verbindet man diese Punkte und erhält so die gesuchte Kurve. Genauso gehen wir hier vor. Die M-x-Ebene spannen wir auf durch eine nach rechts weisende x-Achse und eine nach unten gerichtete M-Achse (Bild 101). Natürlich könnten wir diese M-Achse auch nach oben richten, und in der Tat wird dies auch in manchen Ländern gemacht, wie etwa in den USA. Bei uns jedoch hat sich eingebürgert, positive M-Werte nach unten abzutragen. Wir werden später sehen, dass dies seine Vorteile hat.

Da das Moment sich in beiden Bereichen linear mit x ändert, ist der Momentenverlauf jedes Mal geradlinig. Wir geben deshalb in jedem Bereich zwei Punkte der Geraden an, und zwar wählen wir

$$M(0) = M_I(0) = 0$$

$$M(a) = M_I(a) = M_{II}(a) = F \cdot \frac{a \cdot b}{l} \qquad M(l) = M_{II}(l) = 0$$

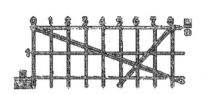 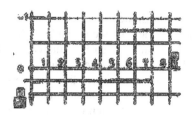

Bild 101 Biegemomentenverlauf   **Bild 102** Querkraftverlauf

Nehmen wir an, es gelte l = 8 m, a = 6 m, b = 2 m, F = 1,0 kN. Dann ergibt sich M(6) = 1,5 kNm. Damit erhalten wir den in Bild 101 dargestellten Momentenverlauf.

Auf gleiche Weise wird der Querkraft-Verlauf dargestellt, wobei wir die positive V-Achse ebenfalls nach unten richten.[41]

In unserem Falle ergeben sich für die Querkraft in den Bereichen I und II zwei konstante Werte, und zwar

$$V = V_I = F \cdot \left(1 - \frac{a}{l}\right) = 0,25 \text{ kN}$$

im Bereich. 0 < x < 6m und

$$V = V_{II} = -F \cdot \frac{a}{l} = -0,75 \text{ kN}$$

im Bereich 6 < x < 8m.

Bild 103 Normalkraftverlauf

Es ergibt sich der im Bild 102 dargestellte Verlauf. Schließlich geben wir den Normalkraft-Verlauf an. Dabei gibt es für die Richtung der (positiven) N-Achse keine alteingeführte Regelung. Wir werden die N-Achse nach unten richten. Im vorliegenden Fall ist das ohnehin bedeutungslos, da die Normalkraft in beiden Bereichen Null ist (Bild 103).

Damit ist die Frage 1 wie folgt beantwortet: Die Ergebnisse der Schnittgrößenberechnung für eine Stelle eines Tragwerks lassen sich innerhalb eines definierbaren Bereiches verallgemeinern. Diese Verallgemeinerung liefert Schnittgrößen als Funktionen des Abstandes der Schnittstelle von einem festen Bezugspunkt. Die zu diesen Funktionen gehörenden Kurven, die Biegemomentenlinie, Querkraftlinie und Normalkraftlinie, nennt man gesamtheitlich Zustandslinien, da sie die Beanspruchung des Tragwerks durch einen bestimmten Belastungszustand zeigen.

---

[41] Diese Regelung ist nicht einheitlich. Sie wird aber in diesem Werk immer angewandt. Der Leser findet deshalb in anderen Texten auch die positive V-Achse nach oben gerichtet in den V-x-Diagrammen.

Da die Zustandslinien die Beanspruchung eines Tragwerks viel anschaulicher und deutlicher zeigen als die Schnittgrößen-Funktionen, wird man bei der Untersuchung eines Tragwerks auf die Angabe der Zustandslinien fast nie verzichten. Man hat deshalb ihre Darstellung vereinfacht, und zwar im Wesentlichen dadurch, das man die Achsen fortlässt und nur noch eine Bezugslinie angibt und die entsprechenden Linienzüge. Eine Orientierung auf der Bezugslinie wird möglich durch gleichzeitige Darstellung des Systems. Die Richtung der fortgelassenen M-, V- oder N-Achse wird angedeutet durch eine gleichgerichtete Schraffur der Zustandsflächen. Als Zustandsfläche bezeichnet man die Fläche zwischen der Bezugslinie und der: Zustandslinie. Ausgezeichnete Punkte der Zustandslinien werden berechnet.

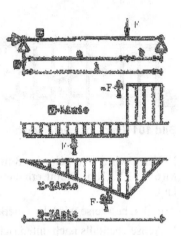

Bild 104 Zustandslinien

Die errechneten Werte werden an entsprechenden Stellen der Zustandslinien vermerkt. Solche ausgezeichneten Punkte sind Knickpunkte, Sprungstellen und diejenigen Stellen, an denen die jeweilige Schnittgröße ihren Extremwert erreicht. Zuweilen müssen auch Nullpunkte bestimmt werden. Wir zeigen hier die entsprechende Darstellung (Bild 104). Abschließend weisen wir noch auf Folgendes hin: Als Ergebnis der oben getroffenen Vereinbarungen über die Richtung positiver Biegemomente und die Richtung der positiven M-Achse ergibt sich, dass wir Biegemomente auf derjenigen Seite der Bezugslinie antragen (also auf- oder abtragen), auf der sie beim Träger Zugspannungen, also Faserverlängerungen, erzeugen. Diese angenehme Tatsache erlaubt uns, ausgehend von einer vorliegenden Biegemomentenlinie an jeder Schnittstelle sofort die Richtung des tatsächlich wirkenden Biegemomentes anzugeben ohne Rücksicht darauf, ob wir dieses Biegemoment nun positiv oder negativ nennen.

Ähnlich unmittelbare Auskunft gibt die Querkraftlinie. Die auftretenden Sprünge haben nämlich, wenn man die Querkraftlinie am rechten Trägerende beginnend in Richtung fallender x verfolgt, die Richtung und Größe der dort wirkenden äußeren Kräfte. Hierüber wird noch zu sprechen sein.

Wir kommen nun zur Beantwortung der Frage 2 und betrachten dazu wieder die Werte der Schnittgrößen in Punkt 1 (siehe Tafel 4):

$$M_1 = F \cdot \left(1 - \frac{a}{l}\right) \cdot x_1; \quad V_1 = F \cdot \left(1 - \frac{a}{l}\right); \quad N_1 = 0$$

Ändert die Last ihren Angriffspunkt, so ändert sich damit der Wert der Größe a; die Schnittgrößen im Punkt 1 ergeben sich somit als Funktionen von a:

$$M_1(a) = F \cdot \left(1 - \frac{a}{l}\right) \cdot x_1; \quad V_1(a) = F \cdot \left(1 - \frac{a}{l}\right); \quad N_1 = 0$$

Diese Beziehungen gelten allerdings nur so lange, wie der Lastangriffsort rechts von Punkt 1 liegt. Wir erklären diesen Bereich durch $x_1 < a < 1$. Wandert die Last über den Punkt 1 nach links, so entsprechen nun die Verhältnisse in Punkt 1 denen von Punkt 2 (beide liegen rechts von der angreifenden Einzellast), und wir gewinnen die Schnittgrößen in Punkt 1 aus denen in Punkt 2 einfach dadurch, dass wir dort den Index 2 durch den Index 1 ersetzen:

$$M_1 = F \cdot \frac{a}{l}(l - x_1); \quad V_1 = -F\frac{a}{l}; \quad N_1 = 0$$

Ändert die Last F in diesem Bereich ihren Angriffspunkt, so ändert sich damit wieder der Wert der Größe a. Wir erhalten damit in diesem Bereich, den wir durch $0 < a < x_1$ erklären, die Schnittgrößen-Funktionen

$$M_1(a) = F \cdot \frac{a}{l} \cdot (l - x_1); \quad V_1(a) = -F \cdot \frac{a}{l}; \quad N_1 = 0$$

Das Ergebnis unserer Überlegungen fassen wir in Tafel 4 zusammen.

Tafel 4 Funktionen der Einflusslinien

System	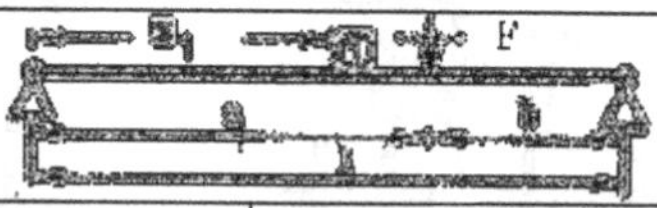	
Geltungsbereich	Last in Bereich A $0 < a < x_1$	Last in Bereich B $x_1 < a < l$
Biegemoment	$M_1(a) = F \cdot \dfrac{a}{l} \cdot (l - x_1)$	$M_1(a) = F \cdot \left(1 - \dfrac{a}{l}\right) \cdot x_1$
Querkraft	$V_1(a) = -F \cdot \dfrac{a}{l}$	$V_1(a) = F \cdot \left(1 - \dfrac{a}{l}\right)$
Normalkraft	$N_1 = 0$	$N_1 = 0$

Für $x_1 = 4$ m, $l = 8$ m und $P = 1$ kN ergeben sich diese Werte (s. auch Bild 105):

Biegemoment M_1	Querkraft V_1
Last befindet sich im linken Auflager	
$M_1 (a = 0) = 0$	$V_1 (a = 0) = 0$

Biegemoment M_1	Querkraft V_1
Last befindet sich unmittelbar links von Punkt 1:	
$M_1 (a = x_1) = F \cdot \dfrac{x_1}{l} \cdot (l - x_1) = 2 \text{ kNm}$	$V_1 (a = x_1) = - F \cdot \dfrac{x_1}{l} = - 0{,}5 \text{ kN}$
Last befindet sich unmittelbar rechts von Punkt 1:	
$M_1 (a = x_1) = F \cdot \left(1 - \dfrac{x_1}{l}\right) \cdot x_1 = 2 \text{ kNm}$	$V_1 (a = x_1) = + F \left(1 - \dfrac{x_1}{l}\right) = + 0{,}5 \text{ kN}$
Last befindet sich im rechten Auflager	
$M_1 (a = l) = 0$	$V_1 (a = l) = 0$

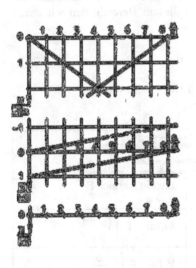 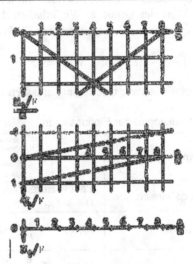

Bild 105 Schnittgrößen in Punkt 1　　　**Bild 106** Bezogene Schnittgrößen

Um die Aussage dieser Linien allgemeingültiger zu machen, hat man sich entschlossen, die durch P dividierten, man sagt auf P bezogenen Größen M_1/P, V_1/P und N_1/P darzustellen. Die Dimension des bezogenen Momentes ist eine Länge, während die bezogene Quer- und Normalkraft dimensionslos sind. Wir zeigen dies in Bild 106. Ebenso wie bei den Zustandslinien hat es sich auch hier eingebürgert, die Koordinatenachsen fortzulassen und nur noch eine Bezugslinie und die entsprechenden Linienzüge anzugeben mit einigen ausgezeichneten Werten, wie in Bild 107 dargestellt.

Damit ist die Frage 2 wie folgt beantwortet:

Die Ergebnisse der Schnittgrößenberechnung für eine Stelle eines Tragwerks lassen sich innerhalb eines definierbaren Bereiches verallgemeinern. Diese Verallgemeinerung liefert die Schnittgrößen als Funktionen des Abstandes einer Einzellast von einem festen Bezugspunkt. Die zu diesen Funktionen gehörenden Kurven nennt man gesamtheitlich Einflusslinien,[42] weil sie den Einfluss des Lastangriffsortes auf die Schnittgrößen in einem bestimmten Punkt des Tragwerks zeigen.

Im Rahmen der voraufgegangenen Betrachtungen haben wir M über x aufgetragen in einem Diagramm und M über a in einem anderen Diagramm. Natürlich können wir beide Beziehungen in einer räumlichen Abbildung darstellen, wenn wir M über der x-a-Ebene auftragen. Wir zeigen eine solche Abbildung (Bild 108). Selbstverständlich lassen sich ähnliche Bilder auch für die anderen Schnittgrößen herstellen. Für den praktischen Gebrauch haben sie keine große Bedeutung.

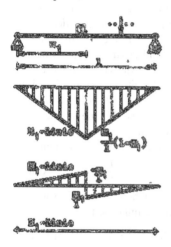

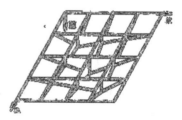

Bild 107
Einflusslinie

Bild 108 Räumliche Darstellung der Beziehung M = f(a, x)

3.4 Zeichnerische Ermittlung von Zustandslinien

Wir haben in den vorangegangenen Betrachtungen graphische Verfahren gezeigt zur Ermittlung der (resultierenden) Stützkräfte und zur Ermittlung resultierender Schnittkräfte und wollen nun noch für den häufig vorkommendem Fall paralleler

---

[42] Diese Bezeichnung ist reserviert für Kurven, die den Verlauf bezogener Schnittgrößen darstellen.

Lasten[43] zeigen, wie man graphisch Zustandlinien bestimmt. Wir betrachten dazu das in Bild 109 dargestellte System und beginnen mit der Konstruktion der Biegemomentenlinie. In einem geeigneten Kräftemaßstab KM zeichnen wir nun den Kräfteplan und bestimmen wie früher gezeigt die Stützkräfte A und B. Dabei entsteht im Lageplan das Dreieck 1 – 2 – 3 und im Kräfteplan das Dreieck 1' – 2' – 3'. Wir haben beide Dreiecke durch eine Schraffur hervorgehoben und erkennen sofort, dass sie sich ähnlich sind (alle 3 Seiten sind jeweils parallel, also alle 3 Winkel gleich).

Also ist $\dfrac{m}{b} = \dfrac{B}{H}$ und damit m · H = b · B = Biegemoment im Punkt c.

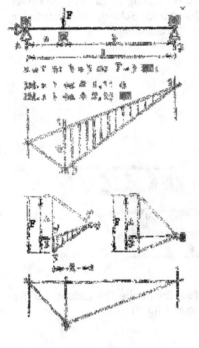

Damit ist klar, das Produkt aus Ordinate m und Polweite H liefert das Biegemoment in Punkt c. Die durch die Seilstrahlen eingeschlossene Fläche entspricht also der Biegemomentenfläche. Die Frage ist: In welchem Maßstab sind m und H zu messen? Nun, wie der Leser sich erinnern wird, sind die Polstrahlen bei der Ableitung graphischer Verfahren als Kräfte eingeführt worden; dementsprechend kann auch H als eine solche Kraft aufgefasst werden[44] und muss daher im Kräftemaßstab gemessen werden. Tut man das, dann wird der Quotient $\dfrac{B}{H}$ auf der rechten Seite der o. a. Beziehung dimensionslos. Es muss dann auch die linke Seite dieser Beziehung, also $\dfrac{m}{b}$ dimensionslos sein: m ist also im gleichen Maßstab wie b, d.h. im Längenmaßstab zu messen. Das bedeutet: In der durch die Seilstrahlen entstandenen Figur liefern die im Längenmaßstab gemessenen

Bild 109 Zur zeichnerischen Bestimmung der M-Linie

Ordinaten m multipliziert mit der im Kräftemaßstab gemessenen Polweite H die Biegemomente in zugehörigen Punkten des Trägers. In unserem Beispiel erhalten wir mit H = 2 kN und m = 1,1 cm ≙ 1,1 m das Moment M = 2,2 kNm (exakt M = 2,25 kNm).

---

[43] einschließlich von Stützkräften

[44] Um dies zweifelsfrei zu zeigen, haben wir in einem zweiten Kräfteplan den Pol 0 so weit nach unten verschoben, dass der Polstrahl 1' – 2' horizontal verläuft.

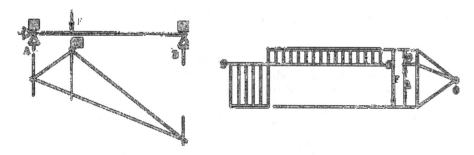

Bild 110 Zeichnerische Bestimmung der V-Linie

Wir kommen nun zur Konstruktion der Querkraftlinie und stellen dazu das System noch einmal dar (Bild 110).

Nachdem Stützkräfte mit Hilfe von Krafteck und Seileck ermittelt sind, legt man wie dargestellt eine Bezugslinie g – g fest und konstruiert *am rechten Trägerende beginnend* wie gezeigt die Querkraft-Stufenlinie. Es wird dem Leser auffallen, dass das Seileck hier „anders herum" gezeichnet wurde wie bei der Konstruktion der Momentenlinie.[45] Dadurch wird im Polplan bzw. Krafteck die Stützkraft B über der Stützkraft A angeordnet, was erforderlich ist, um positive V nach unten abzutragen. Es gelingt also nicht, mit Hilfe nur eines Polplanes und Seilecks die Biegemomentenlinie und die Querkraftlinie vorzeichengerecht darzustellen.[46] Querkraftlinien lassen sich auch ohne jeden Polplan sehr einfach zeichnen, wenn man wie folgt vorgeht. Man beginnt am rechten Ende des Trägers, den man sich ein wenig über das Auflager B hinausgehend denkt. Vom rechten Trägerende bis zum Auflager B ist der Träger querkraftfrei. In Punkt ⓑ wirkt die Stützkraft B nach oben und schiebt die Querkraftlinie um den entsprechenden Wert nach oben. Zwischen Punkt ⓑ und Punkt ⓒ wirkt keine andere Kraft auf den Träger, weshalb die Querkraft ihren Wert bis Punkt ⓒ unverändert beibehält. In Punkt ⓒ wirkt die äußere Last P nach unten und schiebt die Querkraftlinie um den entsprechenden Wert nach unten. Im lastfreien Abschnitt zwischen ⓒ und ⓐ bleibt die Querkraft unverändert. In Punkt ⓐ schließlich wirkt die Stützkraft A nach oben und schiebt die Querkraftlinie um den entsprechenden Betrag nach oben. Links von ⓐ – man denkt sich den Träger auch hier ein wenig über ⓐ hinausgehend – ist der Träger wieder querkraftfrei.

---

[45] Es gibt ja stets zwei Möglichkeiten, das Seileck zu zeichnen.

[46] Bei der anderen üblichen Regelung „positive V nach oben (und positive M nach unten)" war dies möglich.

3.5 Beziehungen zwischen q, V, M und N

Abschließend wollen wir prüfen, ob etwa zwischen den Schnittgroßen irgendeine Beziehung besteht und diese gegebenenfalls formulieren. Wir stellen nämlich fest, dass z. B. in den Bildern 101 und 102 die Querkraft gleich ist der Steigung der Momentenlinie: $\dfrac{1,5-0}{6} = 0,25$ und $\dfrac{0-1,5}{2} = -0,75$. Wir schneiden dazu aus einem durch die Streckenlast q beanspruchten Träger (Bild 111) im Abstand x vom linken Auflager ein Element von der (sehr kleinen) Länge dx heraus und untersuchen es. Am linken Schnittufer mögen wirken die Schnittgrößen M, V und N.

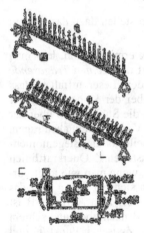

Sie verändern natürlich (im Allgemeinen) ihren Wert von Punkt zu Punkt, auf der Strecke dx etwa um die Beträge dM, dV und dN. Dann wirken am rechten Schnittufer die Schnittgrößen M + dM, V + dV und N + dN. Da das Element durch diese Größen im Zustand der Ruhe gehalten wird, müssen die 3 angegebenen Gleichgewichtsbedingungen erfüllt sein:

$$\sum X = 0:\ N - (N + dN) - q_x \cdot dx = 0$$

$$\sum Z = 0:\ -V + (V + dV) + q_z \cdot dx = 0$$

$$\sum M_a = 0:\ V \cdot \frac{dx}{2} + (V + dV) \cdot \frac{dx}{2} + M - (M + dM) = 0$$

Bild 111 Zur Ableitung der Differenzialbeziehungen

Sie ergeben zunächst

$$dN = -q_x \cdot dx; \quad dV = -q_z \cdot dx;$$

$$dM = V \cdot dx + dV \cdot \frac{dx}{2}$$

Division durch dx liefert

$$\frac{dN}{dx} = -q_x; \quad \frac{dV}{dx} = -q_z; \quad \frac{dM}{dx} = V + \frac{dV}{2}$$

Da dx verabredungsgemäß sehr klein ist, wird dV ebenfalls sehr klein im Vergleich mit V. Wir werden deshalb keinen großen Fehler machen, wenn wir den Term $\dfrac{dV}{2}$ neben V vernachlässigen. Damit ergeben sich die Beziehungen

$$\frac{dN}{dx} = -q_x; \quad \frac{dV}{dx} = -q_z; \quad \frac{dM}{dx} = V$$

Sie nehmen im Rahmen der Statik ebener Systeme eine zentrale Stellung ein. Nochmalige Differentiation der letzten Beziehung liefert zwischen Belastung und Biegemoment den Zusammenhang

$$\frac{d^2M}{dx^2} = \frac{dV}{dx} = -q_z.$$

In Worten besagen diese Beziehungen etwa:

In jedem Punkt eines Tragwerks ergibt sich

a) die negative Streckenlast in x-Richtung als erste Ableitung der Normalkraft nach x,

b) die negative Streckenlast in z-Richtung als erste Ableitung der Querkraft nach x oder als zweite Ableitung des Biegemomentes nach x,

c) die Querkraft als erste Ableitung des Biegemomentes nach x.

Diese Sätze sind nicht nur eine große Hilfe bei der Überprüfung vorliegender Zustandslinien, sie sind auch ein leistungsfähiges Instrument bei deren Konstruktion. So ergibt sich beispielsweise der Ort des größten (oder kleinsten) Biegemomentses gleichzeitig als Querkraft-Nullstelle und kann damit sehr einfach bestimmt werden:[47]

Auch dies lässt sich sagen:

1) Ist in einem Trägerabschnitt keine Quer-Streckenlast vorhanden, so ist die Querkraft in diesem Abschnitt konstant und das Biegemoment linear veränderlich.

2) Ist in einem Trägerabschnitt eine konstante positive Quer-Streckenlast vorhanden, so nimmt die Querkraft gleichmäßig ab, während der Biegemomentenverlauf parabelförmig ist.

3) Ist in einem Trägerabschnitt eine linear veränderliche Quer-Streckenlast vorhanden, so verläuft die Querkraft in diesem Abschnitt parabolisch und das Biegemoment nach einer Kurve dritten Grades.

4) Zu einer großen Quer-Streckenlast gehören ein steiler Verlauf der V-Linie und eine starke Krümmung der M-Linie. Zu einer kleinen Quer-Streckenlast gehören ein flacher Verlauf der V-Linie und eine schwache Krümmung der M-Linie.

Zu einer Einzellast (sozusagen unendlich große Quer-Streckenlast) gehört ein Sprung in der V-Linie („sehr steiler" Verlauf) und ein Knick in der M-Linie („sehr starke" Krümmung).

Wir werden all dies im folgenden Abschnitt an Beispielen erläutern.

---

[47] Diese häufig anzutreffende Formulierung ist nicht ganz korrekt. Exakt muss es heißen: Die Biegemomentenlinie verläuft parallel zur Bezugslinie dort, wo die Querkraftlinie durch Null geht. Siehe auch: Einfeldträger beansprucht durch ein äußeres Moment (= Lastmoment).

Es liegt nun nahe, die oben angegebenen Differenzialbeziehungen zu integrieren. Dies liefert

$$N - N_0 = -\int q_x \cdot dx, \qquad V - V_0 = -\int q_z \cdot dx, \qquad M - M_0 = \int V \cdot dx$$

$$N = -\int q_x \cdot dx + N_0, \qquad V = -\int q_z \cdot dx + V_0, \qquad M = \int V \cdot dx + M_0$$

Bild 112
Zur Integration der Belastung

Mit Hilfe dieser Beziehungen können wir die Funktionsgleichungen der Schnittgrößen in Bereichen, in denen sie einen stetigen Verlauf zeigen, sozusagen auf rein mathematischem Wege ermitteln ohne (erneute) Verwendung der Gleichgewichtsbedingungen. Wir zeigen das Vorgehen an einem kleinen Beispiel (Bild 112) und werden später ausführlich hierauf zurückkommen (siehe etwa Abschnitt 3.6.1).

Zunächst Bereich I (links von F): Mit $q_z = q_x = 0$ ergibt sich $N_I(x) = N_{I0}$, $V_I(x) = V_{I0}$.

M_I kann erst ermittelt werden, wenn V_I bekannt ist. Die beiden Integrationskonstanten N_{I0} und V_{I0} ergeben sich aus den Randbedingungen $N_I(0) = 0$ und $V_I(0) = + A$ zu $N_{I0} = 0$ und $V_{I0} = + A$.

Damit ist bekannt $N_I(x) = 0$ und $V_I(x) = +A$. Nun kann die Biegemomentenfunktion bestimmt werden: $M(x) = A \cdot x + M_{I0}$. Die Integrationskonstante M_{I0} ergibt sich ebenfalls aus einer Randbedingung: $M(0) = 0$. Damit ergibt sich $M_{I0} = 0$ und wir erhalten $M_I(x) = + A \cdot x$.

Nun Bereich II (rechts von F): Hier ist auch $q_z = q_x = 0$. Damit folgt $N_{II}(x) = N_{II0}$ und $V_{II}(x) = V_{II0}$ Die beiden Integrationskonstanten N_{II0} und V_{II0} ergeben sich aus den Randbedingungen $N(l) = 0$ und $V(l) = - B$ zu $N_{II0} = 0$ und $V_{II0} = - B$. Damit ist bekannt $N_{II}(x) = 0$ und $V_{II}(x) = - B$. Nun kann bestimmt werden die Biegemomentenfunktion $M_{II}(x) = - B \cdot x + M_{II0}$.

Die Integrationskonstante M_{II0} ergibt sich aus $M_{II}(l) = 0$.

$0 = - B \cdot l + M_{II0} \rightarrow M_{II0} = B \cdot l$. Das liefert $M_{II}(x) = B \cdot (l - x)$.

Damit sind die Funktionen aller Schnittgrößen in beiden Bereichen bekannt. Die zugehörigen Funktionsbilder können Bild 104 entnommen werden.

Beispiel:

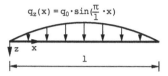

$q_z(x) = q_0 \cdot \sin(\frac{\pi}{l} \cdot x)$

z   x

l

Bild 113

Belastung $\quad q_z(x) = q_0 \cdot \sin(\frac{\pi}{l} \cdot x)$

Querkraft $\quad V(x) = -\int q_z(x) \cdot dx + V_0$

$$V(x) = -\int q_0 \cdot \sin(\frac{\pi}{l} \cdot x) \cdot dx + V_0$$

$$V(x) = -q_0 \cdot \frac{l}{\pi} \cdot (-\cos(\frac{\pi}{l} \cdot x)) + V_0$$

$$V(x) = +q_0 \cdot \frac{l}{\pi} \cdot \cos(\frac{\pi}{l} \cdot x) + V_0 \qquad (1)$$

Biegemoment $\quad M(x) = \int V(x) \cdot dx + M_0$

$$M(x) = \int (q_0 \cdot \frac{l}{\pi} \cdot \cos(\frac{\pi}{l} \cdot x) + V_0) \cdot dx + M_0$$

$$M(x) = +q_0 \cdot \frac{l^2}{\pi^2} \cdot \sin(\frac{\pi}{l} \cdot x) + V_0 \cdot x + M_0 \qquad (2)$$

Einfeldträger

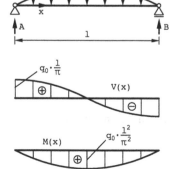

$q_z(x)$

x

A   B

l

$q_0 \cdot \frac{l}{\pi}$

$\oplus$

$V(x)$

$\ominus$

$M(x)$ $\qquad q_0 \cdot \frac{l^2}{\pi^2}$

$\oplus$

Bild 114

Bestimmung der Integrationskonstanten V_0 und M_0 mit den Bedingungen
$M(x = 0) = 0$ und $M(x = l) = 0$ und Gl. (2).

$$M(x = 0) = 0 \; \Rightarrow \; M_0 = 0$$
$$M(x = l) = 0 \; \Rightarrow \; V_0 = 0$$

Damit folgt für die Querkraft und das Biegemoment:

$$V(x) = +q_0 \cdot \frac{l}{\pi} \cdot \cos(\frac{\pi}{l} \cdot x)$$

$$A = V(x = 0) = +q_0 \cdot \frac{l}{\pi}$$

$$B = -V(x = l) = -q_0 \cdot \frac{l}{\pi} \cdot (-1) = q_0 \cdot \frac{l}{\pi}$$

$$M(x) = +q_0 \cdot \frac{l^2}{\pi^2} \cdot \sin(\frac{\pi}{l} \cdot x)$$

$$\max M = M(x = \frac{l}{2}) = +q_0 \cdot \frac{l^2}{\pi^2} = q_0 \cdot \frac{l^2}{9{,}87}$$

Kragträger

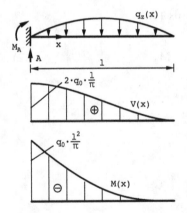

Bild 115

Bestimmung der Integrationskonstanten V_0 und M_0 mit den Bedingungen
$V(x = l) = 0$ und $M(x = l) = 0$.

aus (1) $\quad V(x = l) = +q_0 \cdot \dfrac{l}{\pi} \cdot (-1) + V_0 = 0 \quad \Rightarrow \quad V_0 = +q_0 \cdot \dfrac{l}{\pi}$

aus (2) $\quad M(x = l) = 0 + q_0 \cdot \dfrac{l}{\pi} \cdot l + M_0 = 0 \quad \Rightarrow \quad M_0 = -q_0 \cdot \dfrac{l^2}{\pi}$

Damit folgt für die Querkraft und das Biegemoment:

$$V(x) = +q_0 \cdot \frac{l}{\pi} \cdot (\cos(\frac{\pi}{l} \cdot x) + 1)$$

$$A = V(x = 0) = +2 \cdot q_0 \cdot \frac{l}{\pi}$$

$$M(x) = +q_0 \cdot \frac{l}{\pi} \cdot (\frac{l}{\pi} \cdot \sin(\frac{\pi}{l} \cdot x) + x - l)$$

$$M_A = M(x = 0) = -q_0 \cdot \frac{l^2}{\pi}$$

3.6 Stabwerke

Im vorangegangenen Abschnitt haben wir an einfachen Beispielen Grundsätzliches über Schnittgrößen, Zustandslinien und Einflusslinien entwickelt und gezeigt.

In diesem Abschnitt nun werden wir den Beanspruchungszustand verschiedener statisch bestimmter Tragwerke infolge verschiedener Belastungen und Belastungsarten ermitteln und ihn in Form von Zustandslinien darstellen. Wir werden untersuchen

– den Balken auf zwei Stützen ohne und mit Kragarm(en),

– den Gerberträger,

– den Dreigelenk-Rahmen und -Bogen.

Diese Tragwerke werden beansprucht werden durch

– Einzellasten,

– gleichmäßig verteilte und linear veränderliche Streckenlasten wirkend auf der ganzen Trägerlänge oder wirkend in einem Teilbereich des Trägers,

– Momente,

– Kombinationen der o. a. Lasten.

Wir werden sehen, dass das Verfahren zur Bestimmung von Zustandslinien unabhängig ist von der Form des Tragwerks und der Art der Belastung.

Es werden zunächst die Funktionen der Schnittgrößen bestimmt werden, um Auskünfte zu bekommen über die Form der zugehörigen Zustandlinien (Gerade, Parabel, usw.). Dann werden mit Hilfe dieser Funktionsgleichungen an markanten Punkten Funktionswerte bestimmt und mit ihnen die Zustandslinien dargestellt werden. Wir werden dabei finden, dass bei jedem Tragwerk zu einer bestimmten Belastung ganz bestimmte Zustandslinien gehören. Diese Zusammengehörigkeit von System (Tragwerk + Belastung) und Form der Zustandslinien soll der Leser erkennen und sich einprägen. Ist dies einmal geschehen, wird es nicht mehr nötig sein, die Funktionsgleichung jedes Mal neu aufzustellen. Der qualitative Verlauf der Zustandslinien für das gegebene System ist dann bekannt und muss nur noch durch die Berechnung weniger Funktionswerte an markanten Punkten[48] quantitativ festgelegt werden. Dies geschieht durch „direkte" Bestimmung der Schnittgrößen an den entsprechenden Tragwerksstellen.

3.6.1 Der Einfeldbalken

Den Einfeldbalken unter einer einzigen Einzellast haben wir in Abschnitt 3.3 untersucht. Wir zeigen hier die Untersuchung des Einfeldbalkens unter mehreren Einzellasten (Bild 116). Die Stützkräfte ergeben sich aus der Forderung, dass das Gesamtsystem im Gleichgewicht ist. Die Gleichungen

$$\sum M_a \quad = 0: B \cdot l - F1 \cdot a - F2v \cdot (a+b) - F3v \cdot (a+b+c) = 0$$

$$\sum M_b \quad = 0: Av \cdot l - F1 \cdot (b+c+d) - F2v \cdot (c+d) - F3v \cdot d = 0$$

$$\sum H \quad = 0: A_h + F_{3h} - F_{2h} = 0$$

haben die Lösung

$$A_v \quad = \frac{1}{l} \cdot \left[F_1 \cdot (b+c+d) + F_{2v} \cdot (c+d) + F_{3v} \cdot d \right]$$

$$A_h \quad = F_{2h} - F_{3h}$$

$$B \quad = \frac{1}{l} \cdot \left[F_1 \cdot a + F_{2v}(a+b) + F_{3v}(a+b+c) \right]$$

---

[48] Solche markanten Punkte sind etwa Knickpunkte, Sprungstellen, Extremwert-Stellen und Nullstellen.

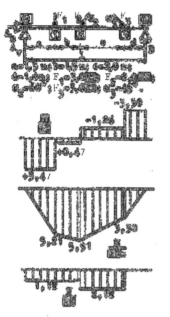

Damit sind alle von außen auf das Tragwerk wirkenden Kräfte bekannt, und es kann mit der Bestimmung der inneren Kräfte begonnen werden.[49]

Nun hat die o. a. Untersuchung des Einfeldträgers unter einer Einzellast bereits gezeigt, dass in den lastfreien Bereichen zwischen den Einzellasten die Querkraft konstant ist und das Biegemoment sich linear mit x ändert. Wir bestimmen deshalb die Schnittgrößen „direkt" in den markanten Punkten, also unmittelbar vor und hinter den Einzellasten (einschl. Stützkräfte). Wir bezeichnen dabei die Angriffspunkte der Lasten F_1, F_2 und F_3 mit 1, 2 und 3. In der Nachbarschaft dieser Punkte müssen wir zwei Schnitte führen, wir bezeichnen sie mit 1l und 1r (eins links und eins rechts) usw. Hier nun die Rechnung:

Bild 116 Einfeldbalken

Schnitt ar: $\sum V = 0: V_{ar} - A_v = 0$ $\qquad V_{ar} = A_v$

$\sum M_a = 0: M_{ar} = 0$ $\qquad M_{ar} = 0$

$\sum H = 0: N_{ar} + A_h = 0$ $\qquad N_{ar} = -A_h$

Schnitt 1l: $\sum V = 0: V_{1l} - A_v = 0$ $\qquad V_{1l} = A_v$

$\sum M_1 = 0: M_{1l} - A_v a = 0$ $\qquad M_{1l} = A_v a$

$\sum H = 0: N_{1l} + A_h = 0$ $\qquad N_{1l} = -A_h$

Schnitt 1r: $\sum V = 0: V_{1r} + F_1 - A_v = 0$ $\qquad V_{1r} = A_v - F_1$

$\sum M_1 = 0: M_{1r} - A_v \cdot a = 0$ $\qquad M_{1r} = A_v \cdot a$

$\sum H = 0: N_{1r} + A_h = 0$ $\qquad N_{1r} = -A_h$

---

[49] Diese Reihenfolge in der Bearbeitung eines Statik – Problems sollte sich der Leser zu Eigen machen, auch wenn die Kenntnis aller Stützkräfte nicht Voraussetzung ist für die Bestimmung der Zustandslinien.

Schnitt 2l: $\sum V = 0$: $V_{2l} + F_1 - A_v = 0$ $V_{2l} = A_v - F_1$

$\sum M_2 = 0$: $M_{2l} + F_1 \cdot b - A_v \cdot (a+b) = 0$ $M_{2l} = A_v \cdot (a + b) - F_1 \cdot b$

$\sum H = 0$: $N_{2l} + A_h = 0$ $N_{2l} = -A_h$

Schnitt 2r: $\sum V = 0$: $V_{2r} + F_{2v} + F_1 - A_v = 0$ $V_{2r} = A_v - F_1 - F_{2v}$

$\sum M_2 = 0$: $M_{2r} + F_1 \cdot b - A_v \cdot (a + b) = 0$ $M_{2r} = A_v \cdot (a+b) - F_1 \cdot b$

$\sum H = 0$: $N_{2r} - F_{2h} + A_h = 0$ $N_{2r} = -A_h + F_{2h}$

Schnitt 3l: $\sum V = 0$: $V_{3l} + F_{2v} + F_1 - A_v = 0$

$\sum M_3 = 0$: $M_{3l} + F_{2v} \cdot c + F_1 \cdot (b + c) - A_v \cdot (a + b + c) = 0$

$\sum H = 0$: $N_{3l} - F_{2h} + A_h = 0$

$V_{3l} = A_v - F_1 - F_{2v}$
$M_{3l} = A_v \cdot (a + b + c) - F_1 \cdot (b + c) - F_{2v} \cdot c$
$N_{3l} = -A_h + F_{2h}$

Schnitt 3r: $\sum V = 0$: $V_{3r} + F_{3v} + F_{2v} + F_1 - A_v = 0$

$\sum M_3 = 0$: $M_{3r} + F_{2v} \cdot c + F_1 \cdot (b+c) - A_v \cdot (a+b+c) = 0$

$\sum H = 0$: $N_{3r} + F_{3h} - F_{2h} + A_h = 0$

$V_{3r} = A_v - F_1 - F_{2v} - F_{3v}$
$M_{3r} = A_v \cdot (a + b + c) - F_1 \cdot (b + c) - F_{2v} \cdot c$
$N_{3r} = -A_h + F_{2h} - F_{3h}$

Schnitt bl: $\sum V = 0$: $V_{bl} + F_{3v} + F_{2v} + F_1 - A_v = 0$

$\sum M_b = 0$: $M_{bl} + F_{3v} \cdot d + F_{2v} \cdot (c + d) + F_1 \cdot (b + c + d)$
                    $- A_v \cdot (a + b + c + d) = 0$

$\sum H = 0$: $N_{bl} + F_{3h} - F_{2h} + A_h = 0$

$V_{bl} = A_v - F_1 - F_{2v} - F_{3v}$
$M_{bl} = A_v \cdot (a + b + c + d) - F_1 \cdot (b + c + d)$
          $- F_{2v} \cdot (c + d) - F_{3v} \cdot d$
$N_{bl} = -A_h + F_{2h} - F_{3h}$

Damit sind die Schnittgrößen im Bereich zwischen den Auflagern[50] bekannt. Falls der Nachweis gewünscht wird, dass die Schnittgrößen in den Bereichen jenseits der Auflager Null sind, müssen noch Schnitte al und br geführt werden (denn tatsächlich wird ja der Träger nicht unmittelbar über dem Auflager enden, sondern ein kleines Stück darüber hinausgeführt werden). Der Leser möge diese Nachweise führen.

Um nun die Zustandslinien maßstäblich zeichnen zu können, müssen für die verschiedenen System-Größen Zahlenwerte angegeben werden. Wir wählen: a = 1,5 m, b = 1,5 m, c = 2,0 m, d = 1,0 m, F_1 = 3,0 kN, F_2 = 2,0 kN, α_2 = 60°, F_3 = 3,0 kN und α_3 = 45°. Die sich hiermit ergebenden Werte der Schnittgrößen können den Zustandslinien entnommen werden (Bild 116).

Die im Zusammenhang mit den Differenzialbeziehungen der Schnittgrößen angegebenen Sätze finden wir bestätigt:

1) Die Momentenlinie hat dort ihr Maximum, wo die Querkraftlinie „durch Null" geht.

2) Auch in den übrigen Bereichen ist die Querkraft gleich der Steigung der Momentenlinie:

$$\frac{5,21-0,00}{1,5}=+3,47 \qquad \frac{5,91-5,21}{1,5}=+0,47$$

$$\frac{3,38-5,91}{2,0}=-1,26 \qquad \frac{0,00-3,38}{1,0}=-3,38$$

Die Querkraftlinie wird, am rechten Trägerende beginnend, in Punkt b in Richtung von B um den Betrag von B verschoben, in Punkt 3 in Richtung von F_{3v} um den Betrag von F_{3v}, in Punkt 2 in Richtung von F_{2v} um den Betrag von F_{2v} usw.

Wir untersuchen als nächstes zwei Sonderfälle: Den durch zwei Einzellasten symmetrisch beanspruchten Einfeldträger (Bild 117) und den durch zwei Lasten antimetrisch beanspruchten Einfeldträger (Bild 118). Zunächst das symmetrische System. Die Stützkräfte ergeben sich aus der Forderung nach Gleichgewicht für das Gesamtsystem (hier nicht angeschrieben) zu A_v = B = F. Da keine Horizontallasten angreifen, ist die Gleichgewichtsbedingung

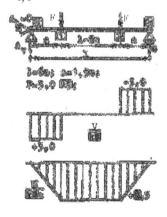

Bild 117 Zur Symmetrie

---

[50] Wir haben bei der Schnittgrößenbestimmung nicht von der Möglichkeit Gebrauch gemacht, einmal den linken Tragwerksteil und ein andermal den rechten zu untersuchen, je nachdem, was einfacher ist. Dadurch, dass stets der linke Teil untersucht wurde, wird bereits in den arithmetischen Ausdrücken der Schnittgrößen deren Entwicklung erkennbar.

$\sum H = 0$ für das Gesamtsystem und alle Teilsysteme automatisch erfüllt und wird deshalb nicht jedes Mal besonders angeschrieben.

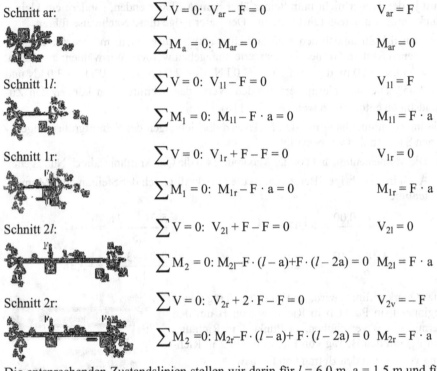

Schnitt ar: $\sum V = 0$: $V_{ar} - F = 0$ $V_{ar} = F$

                $\sum M_a = 0$: $M_{ar} = 0$ $M_{ar} = 0$

Schnitt 1l: $\sum V = 0$: $V_{1l} - F = 0$ $V_{1l} = F$

                $\sum M_1 = 0$: $M_{1l} - F \cdot a = 0$ $M_{1l} = F \cdot a$

Schnitt 1r: $\sum V = 0$: $V_{1r} + F - F = 0$ $V_{1r} = 0$

                $\sum M_1 = 0$: $M_{1r} - F \cdot a = 0$ $M_{1r} = F \cdot a$

Schnitt 2l: $\sum V = 0$: $V_{21} + F - F = 0$ $V_{21} = 0$

                $\sum M_2 = 0$: $M_{21} - F \cdot (l - a) + F \cdot (l - 2a) = 0$ $M_{21} = F \cdot a$

Schnitt 2r: $\sum V = 0$: $V_{2r} + 2 \cdot F - F = 0$ $V_{2v} = -F$

                $\sum M_2 = 0$: $M_{2r} - F \cdot (l - a) + F \cdot (l - 2a) = 0$ $M_{2r} = F \cdot a$

Die entsprechenden Zustandslinien stellen wir darin für $l = 6{,}0$ m, $a = 1{,}5$ m und für $F = 3{,}0$ kN (Bild 117).

Wir untersuchen nun das antimetrisch beanspruchte Tragwerk (Bild 118). Die Stützkräfte ergeben sich zu $A_v = F \cdot \left(1 - 2 \cdot \dfrac{a}{l}\right)$ und $B = -F \cdot \left(1 - 2 \cdot \dfrac{a}{l}\right)$.

(Der Leser prüfe dieses nach.)

Schnitt ar: $\sum V = 0$: $V_{ar} - F \cdot \left(1 - 2 \cdot \dfrac{a}{l}\right) = 0$ $V_{ar} = F \cdot \left(1 - 2 \cdot \dfrac{a}{l}\right)$

                $\sum M_a = 0$: $M_{ar} = 0$ $M_{ar} = 0$

Schnitt 1l: $\sum V = 0$: $V_{1l} - F \cdot \left(1 - 2 \cdot \dfrac{a}{l}\right) = 0$ $V_{1l} = F \cdot \left(1 - 2 \cdot \dfrac{a}{l}\right)$

$$\sum M_1 = 0: \quad M_{1l} - F \cdot \left(1 - 2 \cdot \frac{a}{l}\right) \cdot a = 0 \quad M_{1l} = F \cdot \left(1 - 2 \cdot \frac{a}{l}\right) \cdot a$$

Schnitt 1r:

$$\sum V = 0: \quad V_{1r} + F - F \cdot \left(1 - 2 \cdot \frac{a}{l}\right) = 0 \quad V_{1r} = -2 \cdot F \cdot \frac{a}{l}$$

$$\sum M_1 = 0: \quad M_{1r} - F \cdot \left(1 - 2 \cdot \frac{a}{l}\right) \cdot a = 0 \quad M_{1r} = F \cdot \left(1 - 2 \cdot \frac{a}{l}\right) \cdot a$$

Schnitt 2l:

$$\sum V = 0: \quad V_{2l} + F - F \cdot \left(1 - 2 \cdot \frac{a}{l}\right) = 0 \quad V_{2l} = -2 \cdot F \cdot \frac{a}{l}$$

$$\sum M_2 = 0: \quad M_{2l} + F \cdot \left(1 - 2 \cdot \frac{a}{l}\right) \cdot a = 0 \quad M_{2l} = -F \cdot \left(1 - 2 \cdot \frac{a}{l}\right) \cdot a$$

Schnitt 2r:

$$\sum V = 0: \quad V_{2r} - F \cdot \left(1 - 2 \cdot \frac{a}{l}\right) = 0 \quad V_{2r} = +F \cdot \left(1 - 2 \cdot \frac{a}{l}\right)$$

$$\sum M_2 = 0: M_{2r} + F \cdot \left(1 - 2 \cdot \frac{a}{l}\right) \cdot a = 0 \quad M_{2r} = -F \cdot \left(1 - 2 \cdot \frac{a}{l}\right) \cdot a$$

Schnitt bl:

$$\sum V = 0: \quad V_{bl} - F \cdot \left(1 - 2 \cdot \frac{a}{l}\right) = 0 \quad V_{bl} = F \cdot \left(1 - 2 \cdot \frac{a}{l}\right)$$

$$\sum M_b = 0: \quad M_{bl} = 0 \qquad\qquad M_{bl} = 0$$

Die entsprechenden Zustandslinien stellen wir dar für F = 3,0 kN; l = 6,0 m und a = 1,5 m (Bild 118).

Wir untersuchen als Nächstes den Einfeldbalken unter einer gleichmäßig verteilten Streckenlast (Bild 119). Die Stützkräfte können wieder aus der Forderung, dass sich das Gesamtsystem im Gleichgewicht befindet, bestimmt werden. Aus Symmetriegründen können wir allerdings ihre Werte auch unmittelbar bestimmen: Die Stützkräfte A_v und B müssen sich zu gleichen Teilen an der Aufnahme der angreifenden Last q · l beteiligen, also muss sein $A_v = B = \dfrac{q \cdot l}{2}$.

In Richtung von A_h sind keine weiteren Kräfte vorhanden, also $A_h = 0$. Da das Lastbild sich nicht än-

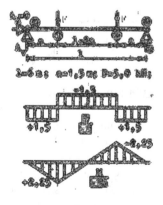

Bild 118 Zur Antimetrie

dert unabhängig davon, wo wir das Tragwerk schneiden, gelten die Schnittgrößen-Funktionen, die wir für einen Schnitt im (beliebigen) Abstand x vom linken Auflager ermitteln, im ganzen Bereich:

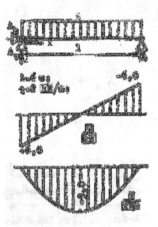

$$\sum V = 0: \quad V(x) + q \cdot x - \frac{q \cdot l}{2} = 0$$

$$\sum M = 0: \quad M(x) + q \cdot x \cdot \frac{x}{2} - \frac{q \cdot l \cdot x}{2} = 0$$

$$\sum H = 0: \quad N(x) = 0$$

Es ergeben sich die Schnittgrößen [51]

$$V(x) = q \cdot \left(\frac{l}{2} - x\right); \qquad M(x) = \frac{q}{2} \cdot (x \cdot l - x^2); \qquad N(x) = 0$$

Den Geltungsbereich kennzeichnen wir durch $0 \leqq x \leqq l$. Hierbei schließen wir die Punkte a und b mit ein.

Wir geben nun einige ausgezeichnete (markante) Punkte der zugehörigen Zustandslinie an. Zunächst die Werte der Schnittgrößen in den Stützpunkten:

$$V(0) = \frac{q \cdot l}{2}, \quad V(l) = -\frac{q \cdot l}{2},$$

$$M(0) = 0, \quad M(l) = 0, \qquad N(0) = N(l) = 0.$$

Als nächstes bestimmen wir den Querkraft-Nullpunkt:

$$0 = \frac{q \cdot l}{2} - q \cdot x_0 \rightarrow x_0 = \frac{l}{2}$$

Dort hat die Momentenlinie ein Maximum:

$$\max M = M\left(\frac{l}{2}\right) = \frac{q \cdot l^2}{8}.$$

Bild 119 Gleichlast

Wir zeichnen nun die Zustandslinien, wobei wir annehmen wollen q = 2,0 kN/m und l = 6,0 m (Bild 119).

---

[51] Das Symbol (x) in den Bezeichnungen V(x), M(x) und N(x) kann zweierlei bedeuten, nämlich „an der Stelle x" und „als Funktion von x". Bei der Aufstellung der Gleichgewichtsbedingungen hat es die erste Bedeutung und bei den explizit angegebenen Schnittgrößen dann die zweite. Die Beachtung dieser (bekannten) Tatsache mag dem einen oder anderen Leser das Verständnis erleichtern.

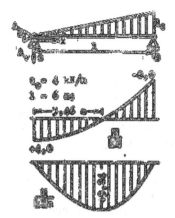

Bild 120 Dreieckslast

Als Nächstes wollen wir den Einfeldbalken unter einer linear veränderlichen Streckenlast, speziell einer dreieckförmigen Belastung (Bild 120), untersuchen. Die Stützkräfte für diesen Fall haben wir bereits in Abschnitt 2.3.2 bestimmt:

$A_v = \dfrac{q_0 \cdot l}{6}$; $B = \dfrac{q_0 \cdot l}{3}$; $A_h = 0$. Ebenso wie bei dem

zuvor betrachteten System braucht auch hier nur für einen Schnitt die Berechnung durchgeführt zu werden. Zunächst muss die Größe oder Intensität der Last an der Schnittstelle, also im Abstand x vom Auflager a bestimmt werden.

Die Anwendung des Strahlensatzes liefert unmittelbar

$$\frac{q(x)}{x} = \frac{q_0}{l} \text{ und also } q(x) = \frac{x}{l} \cdot q_0.$$

Die Gleichungen

$$\sum V = 0: V(x) + \frac{1}{2} \cdot q(x) \cdot x - \frac{q_0 \cdot l}{6} = 0$$

$$\sum M = 0: M(x) + \frac{1}{6} \cdot q(x) \cdot x^2 - \frac{q_0 \cdot l}{6} \cdot x = 0$$

$$\sum H = 0: N(x) = 0$$

liefern, wenn man $q(x) = \dfrac{x}{l} \cdot q_0$ einführt,

$$V(x) = \frac{q_0 \cdot l}{6} \cdot \left[1 - 3 \cdot \left(\frac{x}{l}\right)^2\right]; \quad M(x) = \frac{q_0 \cdot l^2}{6} \cdot \left[\frac{x}{l} - \left(\frac{x}{l}\right)^3\right]; \quad N(x) = 0 \quad (0 \leqq x \leqq l)$$

Ausgezeichnete Punkte der Zustandslinie sind:

$$V(0) = \frac{q_0 \cdot l}{6}, \quad V(l) = -\frac{q_0 \cdot l}{3}, \quad M(0) = 0, \quad M(l) = 0.$$

Die Querkraft-Nullstelle ergibt sich aus

$$0 = \frac{q_0 \cdot l}{6} \cdot \left[1 - 3 \left(\frac{x_0}{l}\right)^2\right] \text{ zu } x_0 = \sqrt{\frac{l^2}{3}} = 0,577 \cdot l^{[52]}$$

---

[52] Sie zerlegt übrigens die Belastung des Balkens sozusagen in zwei Anteile, die jeweils in das linke bzw. rechte Auflager „abfließen". Diese Tatsache hat keine praktische Bedeutung.

Dort hat die Momentenlinie ein Maximum:

$$\max M = M(0,577 \cdot l) = \frac{q_0 \cdot l^2}{9 \cdot \sqrt{3}} = \frac{q_0 \cdot l^2}{15,59}.$$

Wir zeichnen nun die Zustandslinien, wobei wir annehmen wollen q_0 = 4,0 kN/m und l = 6,0 m (Bild 120). Wir erreichen mit diesen Werten, dass die resultierende Belastung R = 4 · 6/2 = 12 kN ebenso groß ist wie bei der vorhergegangenen Untersuchung und die Ergebnisse somit verglichen werden können. Dieser Vergleich liefert ein größeres Maximal-Moment und eine größere Maximal-Querkraft infolge der Dreiecks-Last.

Der Biegmomentenverlauf zeigt außerdem, dass sich das Maximum leicht in den Bereich größerer Last-Intensität verschoben hat. Was den Querkraftverlauf angeht, so erkennen wir, dass die Belastung die am rechten Trägerende wirkende große Querkraft zunächst sehr schnell abbaut und dann immer langsamer, bis schließlich am linken Ende die Querkraft ihren Wert überhaupt nicht mehr ändert (Verlauf ist hier parallel zur Bezugslinie).

Dies ist natürlich, da ja rechts die Belastung groß ist und nach links zu immer mehr abnimmt, bis sie schließlich in Punkt a den Wert q(0) = 0 erreicht.

Bevor wir uns einem neuen Problem zuwenden, wollen wir an diesem Beispiel zeigen, wie leistungsfähig und elegant das in Abschnitt 3.5 erwähnte Integrationsverfahren ist:

$$V(x) = -\int q(x) \cdot dx + V_0, \qquad M(x) = \int V(x) \cdot dx + M_0.$$

Zunächst die Querkraft: $V(x) = -\frac{q_0}{l} \cdot \int x \cdot dx + V_0 = \frac{q_0}{2 \cdot l} \cdot x^2 + V_0$

Die Integrationskonstante V_0 ergibt sich aus der Randbedingung

$$V(0) = \frac{q_0 \cdot l}{6} \quad \text{zu} \quad V_0 = \frac{q_0 \cdot l}{6}. \quad \text{Damit wird} \quad V(x) = \frac{q_0 \cdot l}{6} \cdot \left[1 - 3 \cdot \left(\frac{x}{l}\right)^2\right].$$

Nun das Biegemoment:

$$M(x) = \frac{q_0 \cdot l}{6} \cdot \int \left[1 - 3 \cdot \left(\frac{x}{l}\right)^2\right] \cdot dx + M_0 = \frac{q_0 \cdot l}{6} \cdot \left[x - \frac{x^3}{l^2}\right] + M_0.$$

Die Integrationskon. M_0 ergibt sich aus der Randbedingung M(0) = 0 zu M_0 = 0.

Damit wird $M(x) = \frac{q_0 \cdot l^2}{6} \cdot \left[\frac{x}{l} - \left(\frac{x}{l}\right)^3\right].$

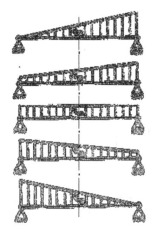

Bild 121 Einige Lastfälle

Die Lastfälle „Gleichlast" und „Dreieckslast" kann man als Grenzfälle einer stetigen Reihe von Lastfällen betrachten, die wir nebenstehend zeigen (Bild 121). Wir wollen jetzt den hierzu gehörigen allgemeinen Lastfall untersuchen mit den Last-Ordinaten q_a und q_b (Bild 122). Die Stützkräfte haben wir bereits in Abschnitt 2.3.2 errechnet. Setzen wir in die dort angegebenen Ausdrücke $a = c = 0$ ein und $q_1 = q_a$, $q_2 = q_b$, so erhalten wir wegen $b = l$ die Werte

$$A_v = \left(\frac{q_a}{3} + \frac{q_b}{6} \right) \cdot l, \quad B = \left(\frac{q_a}{6} + \frac{q_b}{3} \right) \cdot l, \quad A_h = 0.$$

Die Belastung an der Stelle x ergibt sich wieder aus dem Strahlensatz zu

$$q(x) = \frac{1}{l} \cdot \left[q_a \cdot (l - x) + q_b \cdot x \right] \quad \text{oder}$$

$$q(x) = q_a + \left(q_b - q_a \right) \cdot \frac{x}{l}.$$

Die Gleichgewichtsbedingungen

$$\sum V = 0: \ V(x) + \frac{q_a + q(x)}{2} \cdot x - A_v = 0$$

$$\sum M = 0: \ M(x) + \frac{q_a \cdot x^2}{3} + \frac{q(x) \cdot x^2}{6} - A_v \cdot x = 0$$

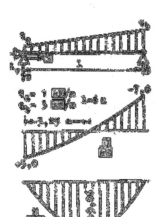

Bild 122
Trapezlast

$$\sum H = 0: \; N(x) = 0$$

liefern nach kurzer Umformung

$$V(x) = \frac{q_a \cdot l}{6} \cdot \left[2 - 6 \cdot \frac{x}{l} + 3 \cdot \left(\frac{x}{l}\right)^2 \right] + \frac{q_b \cdot l}{6} \cdot \left[1 - 3 \cdot \left(\frac{x}{l}\right)^2 \right]$$

$$M(x) = \frac{q_a \cdot l^2}{6} \cdot \left[2 \cdot \frac{x}{l} - 3 \cdot \left(\frac{x}{l}\right)^2 + \left(\frac{x}{l}\right)^3 \right] + \frac{q_b \cdot l^2}{6} \cdot \left[\frac{x}{l} - \left(\frac{x}{l}\right)^3 \right]$$

$$N(x) = 0$$

Geltungsbereich $0 \leqq x \leqq l$. Wir geben in Bild 122 den Verlauf für $q_a = 1{,}0$ kN/m und $q_b = 3{,}0$ kN/m bei $l = 6{,}0$ m an. Es ergibt sich $A_v = 5{,}0$ kN, $B = 7{,}0$ kN,

$$V(x) = 5 - x - \frac{x^2}{6}$$

$$M(x) = 5 \cdot x - \frac{x^2}{2} - \frac{x^3}{18}$$

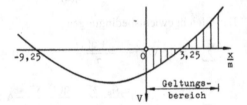

Wir errechnen $V(0) = + 5{,}0$ kN,
$V(l) = - 7{,}0$ kN, $M(0) = M(l) = 0$.
Die Querkraft-Nullstelle ergibt sich
aus

Bild 123 Zur Querkraft-Nullstelle

$$0 = 5 - x_0 - \frac{x_0^2}{6} \quad \text{zu} \quad x_0 = 3{,}25 \text{ m}.$$

Mathematisch ergeben sich dabei zunächst zwei Nullstellen, und zwar $x_{01} = + 3{,}25$ m und $x_{02} = - 9{,}25$ m. Der zweite Wert ist mechanisch ohne Bedeutung, da er aus dem Geltungsbereich für x herausfällt (Bild 123). Das Maximal-Biegemoment ergibt sich zu max $M = M(3{,}25) = + 9{,}06$ kNm. Zu dem Verlauf der Zustandslinien ist nicht viel zu sagen. Da selbst in Punkt a noch eine kleine Belastung vorhanden ist, ändert sich die Querkraft dort geringfügig (die V-Linie verläuft in Punkt a also nicht parallel zur Bezugslinie).

Tafel 5 Trapezlast

$\dfrac{q_a}{q_b}$	ξ_0	n
0	0,577	7,79
0,1	0,565	7,86
0,2	0,554	7,90
0,3	0,544	7,94
0,4	0,535	7,96
0,5	0,528	7,98
0,6	0,521	7,99
0,7	0,515	7,99
0,8	0,509	8,00
0,9	0,504	8,00
1,0	0,500	8,00

Ein Vergleich mit den zuvor behandelten Fällen zeigt, dass sich bei dieser Verteilung der unverändert großen resultierenden Belastung $R = \frac{1}{2} \cdot (q_a + q_b)$ für Biegemoment und Querkraft Maximalwerte ergeben, die zwischen den Werten bei Gleichlast und Dreieckslast liegen. Man kann nun solche Untersuchungen für verschiedene Verhältnisse $\frac{q_a}{q_b}$ durchführen und kommt dann zu dem Ergebnis

$$\max M = \frac{\frac{1}{2} \cdot (q_a + q_b) \cdot l^2}{n} \quad \text{bei } x_0 = \xi_0 \cdot l.$$

Werte für n und ξ_0 in Abhängigkeit von $\frac{q_a}{q_b}$ sind in Tafel 5 angegeben.

Bild 124 Einige Lastfälle

Wir sehen, dass sich durchweg geringfügig größere Biegemomente ergeben als bei Gleichlast. Die Vergrößerung liegt jedoch unter 3 Prozent, bezogen auf das Gleichlast-Maximalmoment. Wir erwähnen die Tatsache, dass das Moment in Feldmitte unabhängig von der Verteilung $M = q_m \cdot l^2/8$ ist. Dies erkennt man sofort, wenn man die Belastung aufteilt in einen gleichmäßigen Anteil und einen veränderlichen Anteil, der auf der einen Hälfte positiv ist und auf der anderen negativ und also keinen Beitrag zum Moment in Feldmitte liefert.

Nun können wir die Streckenlast noch auf andere Weise variieren: Wir verschieben den Punkt maximaler Belastung und kommen so z. B. zu den in Bild 124 gezeigten Systemen. Wir wollen den allgemeinen Fall untersuchen und bestimmen zunächst die Belastungsfunktionen $q_I(x)$ und $q_{II}(x)$ (Bild 125).

Während sich $q_I(x) = q_0 \cdot \dfrac{x}{a}$ unmittelbar ergibt, gewinnen wir $q_{II}(x)$ am schnellsten, wenn wir von der allgemeinen Form $q_{II}(x) = m \cdot x + n$ ausgehen und die beiden Konstanten m und n aus den (Rand) Bedingungen

$q_{II}(a) = q_0$ und $q_{II}(l) = 0$ bestimmen:

$$q_0 = m \cdot a + n$$
$$ \text{liefern} \qquad m = \frac{1}{a - l} \cdot q_0$$
$$0 = m \cdot l + n \qquad\qquad n = \frac{-1}{a - l} \cdot q_0 \cdot l.$$

Wir finden $q_{II}(x) = +\frac{q_0}{b} \cdot (l - x)$ da $b = l - a$. Die Stützkräfte ergeben sich aus der Forderung nach Gleichgewicht für das Gesamtsystem zu

$$A_v = \frac{q_0}{6} \cdot (l + b), \qquad\qquad B = \frac{q_0}{6} \cdot (l + a), \qquad\qquad A_h = 0.$$

Die Unstetigkeitsstelle in der Belastung teilt das System in die zwei Bereiche I und II.[53]

Bereich. I: $o \lesseqgtr x \lesseqgtr a$; \qquad\qquad\qquad\qquad Bereich II: $a \lesseqgtr x \lesseqgtr l$.

Zunächst Bereich I: Die Gleichungen

$$\sum V = 0 : V_I(x) + \frac{1}{2} \cdot q_I(x)x - A_v = 0$$

$$\sum M = 0 : M_I(x) + \frac{1}{6} \cdot q_I(x) \cdot x^2 - A_v \cdot x = 0$$

$$\sum H = 0 : N_I(x) = 0$$

liefern, wenn man für $q_I(x)$ und A_v die o. a. Werte einsetzt

$$V_I(x) = \frac{q_0}{6} \cdot \left[l + b - 3 \cdot \frac{x^2}{a} \right]$$

$$M_I(x) = \frac{q_0}{6} \cdot \left[(l + b) \cdot x - \frac{x^3}{a} \right]$$

Nun Bereich II:
Wir betrachten dabei das rechte Teilsystem:

Die Gleichungen

$$\sum V = 0 : V_{II}(x) + B - \frac{1}{2} \cdot q_{II}(x) \cdot (l - x) = 0$$

$$\sum M = 0 : M_{II}(x) + \frac{1}{6} \cdot q_{II}(x) \cdot (l - x)^2 - B \cdot (l - x) = 0$$

---

[53] Wir erwähnen, dass im vorliegenden Fall an entsprechender Stelle der V-Linie sozusagen ein Wendepunkt entsteht, wie Bild 125 zeigt.

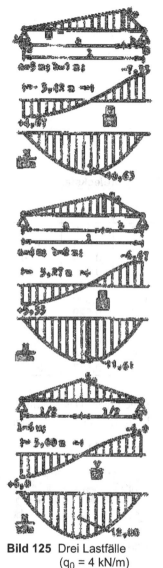

Bild 125 Drei Lastfälle
($q_0 = 4$ kN/m)

$$\sum H = 0 : N_{II}(x) = 0$$

liefern, wenn für $q_{II}(x)$ und B die o. a. Werte benutzt werden,

$$V_{II}(x) = -\frac{q_0}{6} \cdot \left[l + a - 3 \cdot \frac{(l-x)^2}{b} \right]$$

$$M_{II}(x) = \frac{q_0}{6} \cdot \left[(l+a) \cdot (l-x) - \frac{(l-x)^3}{b} \right]$$

Es ergeben sich die Werte

$$V_I(0) = +\frac{q_0}{6} \cdot (l+b), \quad V_I(a) = V_{II}(a) = \frac{q_0}{3} \cdot (b-a),$$

$$V_{II}(l) = -\frac{q_0}{6} \cdot (l+a) \text{ sowie}$$

$$M_I(0) = M_{II}(l) = 0. \quad M_I(a) = M_{II}(a) = q_0 \cdot \frac{a \cdot b}{3}$$

Ist $a > b$, dann liegt die Querkraft-Nullstelle in Bereich I.

Aus $\left(l + b - \frac{3}{a} \cdot x_0^2 \right) = 0$ ergibt sich x_0

$$= \sqrt{\frac{a}{3}(l+b)} \, .$$

Das maximale Biegemoment beträgt dann max M

$$= \frac{2}{3} \cdot A_v \cdot x_0 \, .$$

Ist $a < b$, dann liegt die Querkraft-Nullstelle in Bereich II, und zwar bei $(l - x_0) = \sqrt{\frac{b}{3} \cdot (l+a)}$. Entsprechend ergibt sich $\quad \max M = \frac{2}{3} \cdot B \cdot (l - x_0)$.

Für den Sonderfall $a = b = \frac{l}{2}$ ergibt sich

$$V_I(x) = q_0 \cdot l \cdot \left[\frac{1}{4} - \left(\frac{x}{l} \right)^2 \right], \quad M_I(x) = \frac{q_0 \cdot l^2}{12} \cdot \left[3 \cdot \frac{x}{l} - 4 \cdot \left(\frac{x}{l} \right)^3 \right]. \qquad 0 \leqq x \leqq \frac{l}{2}$$

$$V_{II}(x) = q_0 \cdot l \cdot \left[\frac{1}{4} - \left(\frac{l-x}{l} \right)^2 \right], \quad M_{II}(x) = \frac{q_0 \cdot l^2}{12} \cdot \left[3 \cdot \frac{l-x}{l} - 4 \cdot \left(\frac{l-x}{l} \right)^3 \right] \quad \frac{l}{2} \leqq x \leqq l$$

Für den Sonderfall $a = 0$ $(b = l)$ ergibt sich

$$A_v = \frac{q_0 \cdot l}{3}, \quad B = \frac{q_0 \cdot l}{6},$$

$$V(x) = -\frac{q_0 \cdot l}{6} \cdot \left[1 - 3 \cdot \left(\frac{l-x}{l} \right)^2 \right], \quad M(x) = \frac{q_0 \cdot l^2}{6} \cdot \left[\frac{l-x}{l} - \left(\frac{l-x}{l} \right)^3 \right]$$

Für drei Systeme haben wir die Zustandslinien bestimmt und in Bild 125 dargestellt:

1) $a = 5$ m, $b = 1$ m,
2) $a = 4$ m, $b = 2$ m, überall $q_0 = 4{,}0$ kN/m.
3) $a = 3$ m, $b = 3$ m,

Die ermittelten Werte können der Abbildung entnommen werden.

Schließlich haben wir für verschiedene Verhältnisse $\frac{a}{l}$ das größte Biegemoment und dessen Abstand vom linken Auflager ermittelt in der Form

$$\max M = \frac{q_0 \cdot l^2}{n}, \quad x_0 = \xi_0 \cdot l$$

Tafel 6 Dreieckslast

$\dfrac{a}{l}$	ξ_0	n
0,0	0,423	15,59
0,1	0,426	14,24
0,2	0,434	13,26
0,3	0,449	12,57
0,4	0,471	12,15
0,5	0,500	12,00
0,6	0,529	12,15
0,7	0,551	12,57
0,8	0,566	13,26
0,9	0,574	14,24
1,0	0,577	15,59

und haben die Werte n und ξ_0 in eine Tabelle (Tafel 6) eingetragen. Das Maximalmoment tritt immer auf im Bereich zwischen $0{,}4 \cdot l$ und $0{,}6 \cdot l$. Unter der größten Lastordinate ergeben sich stets die Schnittgrößen $V = \frac{q_0}{3} \cdot (b - a)$, $M = q_0 \cdot \frac{a \cdot b}{3}$.

Bevor wir zu den Teilstreckenlasten kommen, untersuchen wir noch das im Bild 126 dargestellte System. Aus Symmetriegründen ergibt sich wieder

$$A_v = B = (q_0 + q_1) \cdot \frac{l}{4}.$$

Bild 126

Die Belastungsfunktionen ergeben sich zu

$$q_I(x) = q_0 - 2 \cdot (q_0 - q_1) \cdot \frac{x}{l} \quad \text{und} \quad q_{II}(x) = q_0 - 2 \cdot (q_0 - q_1) \cdot \frac{l-x}{l}.$$

Damit lassen sich für den abgeschnittenen Systemteil diese Gleichgewichtsbedingungen anschreiben:

$$\sum V = 0 : V_I(x) - A_v + (q_0 + q_1(x)) \cdot \frac{x}{2} = 0$$

$$\sum M = 0 : M_I(x) + \frac{q_I(x) \cdot x^2}{6} + \frac{q_0 \cdot x^2}{3} - A_v \cdot x = 0$$

$$\sum H = 0 : N_I(x) = 0$$

Sie liefern nach kurzer Zwischenrechnung

$$V_I(x) = (q_0 + q_1) \cdot \frac{l}{4} - q_0 \cdot x + (q_0 - q_1) \cdot \frac{x^2}{l}$$

$$M_I(x) = (q_0 + q_1) \cdot \frac{l \cdot x}{4} - q_0 \cdot \frac{x^2}{2} + (q_0 - q_1) \cdot \frac{x^3}{3 \cdot l}$$

$$N_I(x) = 0; \text{ Geltungsbereich } 0 \leqq x \leqq \frac{l}{2}$$

Die Schnittgrößen-Funktion in Bereich II erhalten wir durch Betrachtung des entsprechenden rechten Teilsystems. Wir können das Ergebnis dieser Untersuchung jedoch sofort angeben, wenn wir in den entsprechenden Funktionen des Bereiches I die Größe x durch $(l - x)$ ersetzen und zusätzlich bei der Querkraft das Vorzeichen ändern:

$$V_{II}(x) = -(q_0 + q_1) \cdot \frac{l}{4} + q_0 \cdot (l - x) - (q_0 - q_1) \cdot \frac{(l-x)^2}{l} \; ;$$

$$M_{II}(x) = (q_0 + q_1) \cdot \frac{l \cdot (l-x)}{4} - q_0 \cdot \frac{(l-x)^2}{2} + (q_0 - q_1) \cdot \frac{(l-x)^3}{3 \cdot l} \; ;$$

$$N_{II}(x) = 0; \text{ Geltungsbereich } \frac{l}{2} \leqq x \leqq l.$$

Die Querkraft-Nullstelle ergibt sich aus der Bestimmungsgleichung.

$$0 = (q_0 + q_1) \cdot \frac{l}{4} - q_0 \cdot x_0 + (q_0 - q_1) \cdot \frac{x_0^2}{l} \quad \text{zu} \quad x_0 = \frac{l}{2}.$$

Mathematisch ergeben sich dabei zunächst wieder zwei Nullstellen:

$$x_{01} = \frac{l \cdot (q_0 + q_1)}{2 \cdot (q_0 - q_1)} \quad \text{und} \quad x_{02} = \frac{l \cdot (q_0 - q_1)}{2 \cdot (q_0 - q_1)} = \frac{l}{2}$$

Die erste Nullstelle ist mechanisch ohne Bedeutung.[54] Selbstverständlich hätten wir wegen der vorhandenen Symmetrie in Belastung und Tragwerk sofort angeben können, dass die Querkraft-Nullstelle in der Symmetrieachse liegt. Das maximale Biegemoment ergibt sich damit zu

$$\max M = M\left(\frac{l}{2}\right) = (2 \cdot q_1 + q_0) \cdot \frac{l^2}{24}.$$

Die Sonderfälle

$$q_1 = 0 \qquad \rightarrow \max M = \frac{q_0 \cdot l^2}{24}$$

$$q_0 = 0 \qquad \rightarrow \max M = \frac{q_1 \cdot l^2}{12}$$

$$q_m = q_0 = q_1 \quad \rightarrow \max M = \frac{q_m \cdot l^2}{8}$$

sind hierin enthalten (Bild 127). Für $q_0 = 4$ kN/m, $q_1 = 0$ und $l = 6$ m sind die M- und V-Linie in Bild 128 wiedergegeben.

Um dem Leser einen Vergleich der Biegemomentenlinien und der Querkraftlinien bei den verschiedenen Lastverteilungen zu ermöglichen oder jedenfalls zu erleichtern, wurden die behandelten Fälle in einer Übersicht (Tafel 7) zusammengefasst. Da die resultierenden Lasten in allen Fällen zahlenmäßig gleich groß sind, ist auch ein Vergleich der Maximal-Ordinaten möglich.

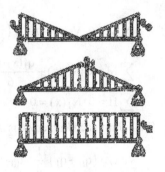

Bild 127 Sonderfälle

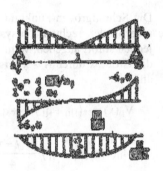

Bild 128

---

[54] Wir haben x_0 bestimmt aus der Funktionsgleichung für V_I. Diese Gleichung ist gültig nur im Bereich $0 \leq x \leq l/2$. Aus diesem Bereich fällt x_{01} immer heraus: Für $q_0 > q_1$ ist $x_{01} > l/2$ für $q_0 < q_1$ ist $x_{01} < 0$. Nur für $q_1 = 0$ ergibt sich $x_{01} = x_{02} = l/2$.

Tafel 7

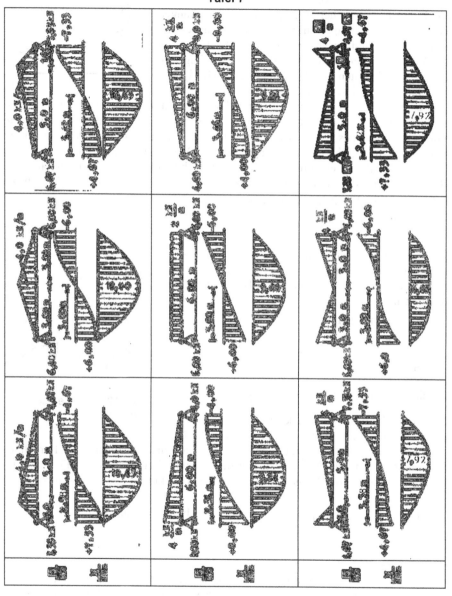

Es wurden nur Zahlenwerte angegeben, da die Formeln im Rahmen der vorher gegangenen Untersuchungen entwickelt und bereitgestellt wurden. Bisher haben wir symmetrische und unsymmetrische Streckenlasten betrachtet. Abschließend wollen wir nun ein Tragwerk antimetrisch belasten und dann untersuchen (Bild 129).

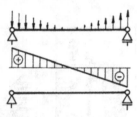

Zur Darstellung dieser Belastung stehen uns zwei Möglichkeiten offen: Bei der zweiten Darstellung – sie lässt sozusagen noch das Achsenkreuz des q-x-Diagramms erkennen und zeigt auch deutlich, dass für den ganzen Träger eine und dieselbe Belastungsfunktion gilt - wird nicht die Belastung dargestellt, sondern das Bild der Belastungsfunktion. Diese Darstellungsweise ist tatsächlich sauberer als die erste und ermöglicht in Verbindung mit einer entsprechenden Bezeichnung (etwa q_z oder m_y) die Darstellung beliebiger Belastungen.[55] Die Stützkräfte haben wir bereits früher bestimmt zu

$$A_v = \frac{q_0 \cdot l}{6} \quad \text{und} \quad B = -\frac{q_0 \cdot l}{6} \,.$$

Zur Bestimmung der Lastfunktion gehen wir aus von der allgemeinen Gleichung $q(x) = m \cdot x + n$ und errechnen die Konstanten m und n mit Hilfe der Randbedingungen

$$q(0) = q_0 \text{ und } q(l) = -q_0.$$

$$
\begin{array}{lll}
q_0 = m \cdot 0 + n & & n = q_0 \\
& \text{liefern} & \\
-q_0 = m \cdot l + n & & m = -2 \cdot q_0 / l
\end{array}
$$

Damit ergibt sich $q(x) = q_0 - 2 \cdot q_0 \cdot \dfrac{x}{l} \, (\, 0 \leqq x \leqq l)$

Bild 129 Antimetrische Streckenlast

Die Schnittkraft-Funktionen können wir (wie immer) entweder mit der Forderung nach Gleichgewicht für ein Teilsystem oder durch Integration der am Element gewonnenen Differential-Beziehungen ermitteln. Wir zeigen hier den zweiten Weg. Der Leser möge die Ergebnisse auf dem ersten Wege kontrollieren. Die Querkraft ergibt sich somit zu

$$V(x) = -\int q(x) \cdot dx + V_0 = -\int \left(q_0 - 2 \cdot q_0 \cdot \frac{x}{l} \right) \cdot dx + V_0 = -q_0 \cdot x + q_0 \cdot \frac{x^2}{l} + V_0 \,.$$

---

[55] Dass in der Lastfläche üblicherweise nicht das mathematische Funktionsbild (etwa wie bei den Zustandslinien) gesehen wird sondern die tatsächliche Belastung, hängt damit zusammen, dass die Lastkurve i. A. direkt an die Systemskizze des Tragwerks angetragen wird. Dies Vorgehen wurde übernommen von der Darstellung angreifender Einzellasten. Übrigens: g_z heißt „g in Richtung z" und m_y heißt „Moment um die y-Achse".

Die Integrationskonstante V_0 bestimmen wir aus der Randbedingung

$$V(0) = \frac{q_0 \cdot l}{6}; \quad \frac{q_0 \cdot l}{6} = V_0 . \text{ Damit ergibt sich } V(x) = \frac{q_0 \cdot l}{6} \cdot \left[1 - 6 \cdot \frac{x}{l} + 6 \cdot \left(\frac{x}{l} \right)^2 \right]$$

Das Biegemoment ergibt sich zu

$$M(x) = \int V(x) \cdot dx + M_0 = \frac{q_0 \cdot l}{6} \cdot \int \left[1 - 6 \cdot \frac{x}{l} + 6 \cdot \left(\frac{x}{l} \right)^2 \right] \cdot dx + M_0 =$$

$$= \frac{q_0 \cdot l}{6} \cdot \left[x - 3 \cdot \frac{x^2}{l} + 2 \cdot \frac{x^3}{l^2} \right] + M_0 .$$

Die Integrationskonstante M_0 ergibt sich aus der Randbedingung

$M(0) = 0$ zu $M_0 = 0$. Damit erhalten wir $M(x) = \dfrac{q_0 \cdot l^2}{6} \cdot \left[\dfrac{x}{l} - 3 \cdot \left(\dfrac{x}{l} \right)^2 + 2 \cdot \left(\dfrac{x}{l} \right)^3 \right]$.

Die Querkraft-Nullstelle ergibt sich aus der Gleichung

$0 = 1 - \dfrac{6}{l} \cdot x_0 + \dfrac{6}{l^2} \cdot x_0^2$ zu $x_{01} = \dfrac{6 + \sqrt{12}}{12} \cdot l$ und $x_{02} = \dfrac{6 - \sqrt{12}}{12} \cdot l$ also annähernd zu

$x_{01} = 0,789 \cdot l$ und $x_{02} = 0,211 \cdot l$. An diesen Stellen liegen Extremwerte der Biegemomente vor. Wir zeigen den Verlauf für $q_0 = 4$ kN/m und $l = 6,0$ m (Bild 129). Vergleichen wir die Ergebnisse der Untersuchung dieses antimetrisch belasteten (symmetrischen) Tragwerks mit den Ergebnissen der Untersuchung symmetrisch belasteter (symmetrischer) Tragwerke, so kommen wir zu folgendem Ergebnis:

Sind Tragwerk und Belastung symmetrisch, so ergibt sich ein symmetrischer Biegemomentenverlauf und ein antimetrischer Querkraftverlauf. Die Stützkräfte sind symmetrisch (d.h. die Stützkräfte einander entsprechender Auflager sind gleich).

Ist das Tragwerk symmetrisch und die Belastung antimetrisch, so ergibt sich ein antimmetrischer Biegemomentenverlauf und ein symmetrischer Querkraftverlauf. Die Stützkräfte sind antimetrisch (d.h. die Stützkräfte einander entsprechender Auflager sind entgegengesetzt gleich).

Wir kommen nun zu den Teilstreckenlasten und wollen als erstes das dargestellte

System untersuchen. Die Stützkräfte ergeben sich zu $A_v = \dfrac{q \cdot a}{l} \cdot \left(l - \dfrac{a}{2} \right)$, $B = \dfrac{q \cdot a^2}{2 \cdot l}$

(Bild 130).

Die Unstetigkeitsstelle in der Belastung teilt das System auf in zwei Bereiche, für die die Schnittgrößen getrennt ermittelt werden müssen.

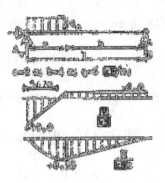

Bereich I, $0 \leqq x \leqq a$:

$$\sum V = 0: \quad V_I(x) + q_0 \cdot x - A_v = 0$$

$$\sum M = 0: \quad M_I(x) + \frac{q_0}{2} \cdot x^2 - A_v \cdot x = 0$$

$$V_I(x) = A_v - q_0 \cdot x$$

$$M_I(x) = A_v \cdot x - \frac{q_0}{2} \cdot x^2$$

Bild 130 Teilstreckenlast

Einsetzen des Wertes für A_v liefert

$$V_I(x) = q_0 \cdot \left[\frac{a}{l} \cdot \left(l - \frac{a}{2} \right) - x \right]$$

$$M_I(x) = q_0 \cdot \left[\frac{a}{l} \cdot \left(l - \frac{a}{2} \right) \cdot x - \frac{x^2}{2} \right]$$

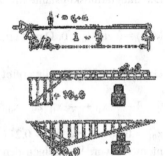

Bereich II, $a \leqq x \leqq l$:

$$\sum V = 0: \quad V_{II}(x) + B = 0$$

$$\sum M = 0: \quad M_{II}(x) - B \cdot (l - x) = 0$$

$$V_{II}(x) = -B$$

$$M_{II}(x) = B \cdot (l - x)$$

Bild 131 Einzellast

Einsetzen des Wertes für B liefert

$$V_{II}(x) = -\frac{q_0 \cdot a^2}{2 \cdot l}, \quad M_{II}(x) = \frac{q_0 \cdot a^2}{2 \cdot l} \cdot (l - x)$$

Da die Querkraft im Bereich II konstant ist, suchen wir die Querkraft-Nullstelle in Bereich I:

$$0 = A_v - q_0 \cdot x_0 \qquad \text{liefert} \quad x_0 = \frac{A_v}{q_0}$$

Damit ergibt sich das Maximal-Moment zu

$$\max M = M(x_0) = A_v \cdot x_0 - \frac{q_0}{2} \cdot x_0^2 = \frac{A_v^2}{2 \cdot q_0}.$$

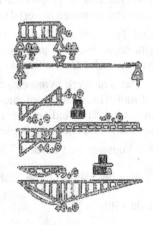

Bild 132 Indirekte Belastung

In Worten: Liegt die Querkraft-Nullstelle im Bereich einer Gleichstreckenlast, die bis zu einem momentenfreien Endlauflager durchläuft, so hat sie den Abstand $x_0 = \dfrac{A_v}{q_0}$ von diesem Auflager (A_v = Stützkraft des Auflagers, q_0 = Intensität der Streckenlast). Das Maximalmoment hat dann den Wert max $M = M(x_0) = \dfrac{A_v}{2 \cdot q_0}$.

Wir zeichnen die Zustandslinien für q = 6 kN/m, a = 2,0 m und b = 4,0 m.

Im Folgenden wollen wir kurz auf zwei Möglichkeiten hinweisen, die Zustandslinien ohne vorherige Bestimmung der Funktionsgleichungen zu konstruieren. Es geht dabei im Wesentlichen um die M-Linie, da die V-Linie ohnehin unmittelbar gezeichnet werden kann.

Für die Bestimmung der Stützkräfte fasst man – wie wir wissen – die Streckenlasten zu resultierenden Einzelkräften zusammen. Es liegt deshalb nahe, auch bei der Konstruktion der Zustandslinien mit diesen Resultierenden zu arbeiten. Die resultierende Einzellast hat die Größe F = q·a und wirkt im Schwerpunkt der Streckenlast (Bild 131). Für sie zeichnen wir die Zustandslinien. Im lastfreien Bereich II sind M und V nur von B abhängig und ergeben sich also korrekt. Dringen wir nun – von rechts kommend – in den Bereich I vor, dann werden M und V beim gegebenen System durch q beeinflusst und allmählich abgebaut. Dieser Einfluss kann sich natürlich bei der Belastung durch eine (im Schwerpunkt der Streckenlast wirkende) Einzellast in den nun lastfreien Abschnitten nicht einstellen, weshalb die Zustandslinien hier korrigiert werden müssen. Die Korrekturen sind in der Abbildung dargestellt. Wir geben am Schluss des folgenden Absatzes einen Hinweis zur Korrektur der M-Linie.

Eine zweite Möglichkeit, die Zustandslinien ohne Anschreiben der Funktionsgleichungen maßstäblich zu zeichnen, ergibt sich, wenn man sich den gegebenen Träger indirekt belastet vorstellt in der gezeigten Weise (Bild 132). Er wird dann beansprucht durch zwei Einzellasten F = q·a / 2 in den Endpunkten der Streckenlast. Diese Einzellasten erzeugen für den gegebenen Träger die dargestellten Zustandslinien. Dem Transport der verteilten Lasten zu den o. g. (End-) Punkten besorgt ein gedacht aufgesetzter Träger, in dem dadurch natürlich ebenfalls Biegemomente und Querkräfte entstehen, deren Verlauf jedoch unmittelbar bekannt ist (Einfeldträger mit Volllast: max $M = q \cdot a^2/8$, max $V = \pm q \cdot a/2$). Da dieser „Transport" tatsächlich durch den gegebenen Träger vorgenommen wird, entstehen die zugehörigen Schnittgrößen zusätzlich in ihm. Sie müssen also den vorhandenen Schnittgrößen (hervorgerufen durch die beiden Einzellasten F = q·a / 2) überlagert werden. Die Abbildung zeigt dies.

Wir kommen nun zurück zur oben erwähnten Korrektur der M-Linie. Das inzwischen eingeführte Gedankenmodell des aufgesetzten Trägers gibt uns nämlich unmittelbar Aufschluss darüber, wie die Parabel einzuzeichnen ist.

Belasten wir den aufgesetzten Träger durch die Einzellast $F = q \cdot a$, so entstehen die in Bild 133 gezeigten
Biegemomenten-Linien; das Maximal-Moment im
aufgesetzten Träger hat also die Größe

$\max M = \dfrac{q \cdot a^2}{4}$. Dieser Wert ist doppelt so groß wie

das zur Gleichlast gehörende Maximalmoment $\dfrac{q \cdot a^2}{8}$.

Die Korrekturparabel verläuft deshalb durch den Hal-

bierungspunkt der Ordinate $\dfrac{q \cdot a^2}{4}$ (= Höhe des aufge-

setzten Dreiecks).

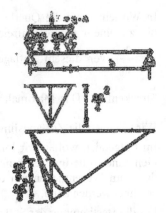

Bild 133 Zur Zeichnung
der M-Linie

In unserem nächsten Beispiel, in dem zwei Teilstreckenlasten wirken mögen, wollen wir den Verlauf der
Schnittgrößen bestimmen, ohne vorher deren Funkti-
onen zu berechnen (Bild 134). Wir sind schon einmal so vorgegangen, und zwar bei
einer Beanspruchung durch Einzellasten. Nun, da wir den Schnittgrößenverlauf infolge von Streckenlasten ebenfalls kennen, ist dieses Vorgehen auch hier möglich.

Die Stützkräfte ergeben sich aus den üblicherweise verwendeten Gleichgewichtsbedingungen $\sum M_b = 0$ und $\sum M_a = 0$ zu

$A_v = \dfrac{1}{6} \cdot (6 \cdot 1{,}75 + 4 \cdot 3{,}5) = 4{,}08 \text{ kN}$

$B = \dfrac{1}{6} \cdot (6 \cdot 4{,}25 + 4 \cdot 2{,}5) = 5{,}92 \text{ kN}$

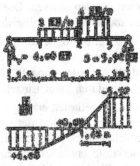

Beginnend am rechten Trägerende können wir damit
den Querkraftverlauf zeichnen: Ein eventuelles rechts
über das Auflager b hinausragendes kurzes Trägerstück (fehlt in der symbolischen Darstellung) ist querkraftfrei. In Punkt b wird die Querkraft durch die
Stützkraft B auf den Wert $V_b = -5{,}92$ kN gebracht,
der bis Punkt 3 unverändert bleibt. Hier nun beginnt
der Einfluss der Streckenlast $q_2 = 4$ kN/m auf die
Querkraft: Sie wird bis Punkt 2 um den Betrag 6 kN
„abgebaut", sodass sie dort den Wert $V_2 = -5{,}92 +
6{,}00 = +0{,}08$ kN hat.

Bild 134 Querkraftlinie
infolge Streckenlast

Auf der Strecke von Punkt 2 nach Punkt 1 wird sie durch die Streckenlast $q_1 = 2{,}0$
kN/m weiter verändert und erreicht im Punkt 1 den Wert $V_1 = +0{,}08 + 4{,}00 = 4{,}08$
kN. Diesen Wert behält die Querkraft bis Punkt a. Dort wird sie durch die Stützkraft

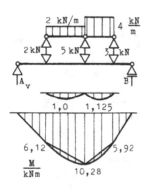

$A_v = 4,08$ kN auf das Niveau Null gebracht, sodass ein eventuell links überstehendes Trägerstückchen ohne Querkraft ist.

Den Biegemomentenverlauf geben wir an durch Verwendung des Gedankenmodells „indirekte Belastung" (Bild 135). Die Stützkräfte der aufgesetzten Träger ergeben sich zu 2 kN, 5 kN und 3 kN. Infolge dieser Einzellasten stellt sich die dargestellte Biegemomentenlinie ein:

$M_1 = 4,08 \cdot 1,5 =$ 6,12 kNm,

$M_2 = 4,08 \cdot 3,5 - 2 \cdot 2,0 =$ 10,28 kNm,

Bild 135
Biegemomentenlinie infolge Streckenlast

$M_3 = 5,92 \cdot 1,0 =$ 5,92 kNm.

Diesem Linienzug müssen nun noch die Streckenlast – Parabeln überlagert werden:

$2 \cdot 2^2 / 8 = 1,0$ kNm, $4 \cdot 1,5^2 / 8 = 1,125$ kNm.

Der endgültige Verlauf ist dargestellt.

Schließlich interessiert noch die Maximal-Ordinate der Biegemomentenlinie: Der V-Linie entnehmen wir, dass die Querkraft-Nullstelle zwischen den Punkten 2 und 3 liegt. Ihr Abstand von Punkt 3 ergibt sich zu e = 5,92/4 = 1,48 m. Damit ist der Ort des Maximalmomentes bekannt: 2,48 m von Auflager b.

max M = $5,92 \cdot 2,48 - 4 \cdot 1,48^2 / 2 = + 10,30$ kNm.

Im folgenden Beispiel (Bild 136) ist ein Einfeldträger beansprucht durch ein Lastmoment M.[56] Die Stützkräfte ergeben sich zu $A_v = - B = M/l$. Die Schnittgrößen werden getrennt in Bereich I$(0 \leqq x < a)$ und Bereich II $(a < x \leqq l)$ ermittelt.

Bereich I: $\sum V = 0 : \ V_I(x) - A_v = 0$

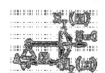

$$\sum M = 0 : \ M_I(x) - A_v \cdot x = 0$$

$$V_I(x) = A_v = \frac{M}{l}$$

$$M_I(x) = A_v \cdot x = M \cdot \frac{x}{l}$$

---

[56] Wir benutzen also für ein äußeres (Last-)Moment das gleiche Symbol wie für das innere Biegemoment. Missverständnisse hieraus werden jedoch kaum entstehen.

Bereich II: $\sum V = 0 : V_{II}(x) + B = 0$

$\sum M = 0 : M_{II}(x) - B \cdot (l - x) = 0$

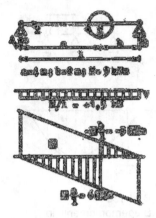

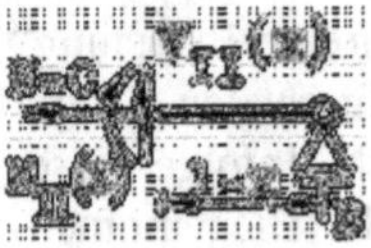

$V_{II}(x) = - B = \dfrac{M}{l}$

$M_{II}(x) = B \cdot (l - x) = -\dfrac{M}{l} \cdot (l - x)$

$= - M \cdot (1 - \dfrac{x}{l}).$

Wir zeichnen die M- und V-Linie für M = 9 kNm und
l = 6,0 m (a = 4,0 m). Da die Querkräfte in beiden
Bereichen gleich sind und konstant in allen Punkten

den Wert $V = \dfrac{M}{l}$ haben, gibt es in diesem Fall keine

Bild 136 Zustandslinien
infolge Lastmoment

Querkraft-Nullstelle. Trotzdem gibt es eine Stelle, an

der das Biegemoment seinen größten Wert erreicht: $M(a) = M \cdot \dfrac{a}{l}$. Die Erklärung

hierfür ist, dass es sich bei diesem Größtwert nicht um ein Maximum im mathemati-
schen Sinne handelt: Die Tangente der Biegelinie verläuft nicht parallel zur Bezugslinie.

Wir merken uns: Wirkt ein äußeres Moment auf ein Tragwerk, so zeigt die Biegemomentenlinie hier einen Sprung (von der Größe M). Das Biegemoment unmittelbar
links oder rechts von dieser Sprungstelle kann das größte im Tragwerk auftretende
Biegemoment sein. Auf diesen Größtwert weist keine Querkraft-Nullstelle hin.

Weiterhin stellen wir fest: Die Lage des angreifenden Momentes beeinflusst nicht
die Werte der Schnittgrößen, sondern legt nur deren Gültigkeitsbereich fest: Wirkt
M an einer anderen etwa weiter links gelegenen Stelle, so gilt das unveränderte
$M_I(x)$ in dem nun verkleinerten Bereich I, während das unveränderte $M_{II}(x)$ im nun
größer gewordenen Bereich II gilt (Querkraft und Stützkräfte werden ohnehin nicht
beeinflusst) Hierauf mögen die gestrichelten Linien
der M-Linie hindeuten.

Zu den Sätzen von Abschnitt 3.5 können wir also
noch den folgenden hinzufügen:

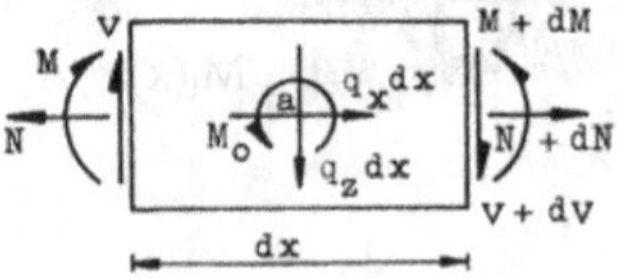

Greift in einem Punkt eines Tragwerks ein Moment
an, so ändert sich in diesem Punkt die Querkraft
nicht (da ja keine äußere Kraft vorhanden ist).
Dementsprechend ändert sich hier auch die Steigung der Momentenlinie nicht; sie weist hier nur
einen Sprung von der Größe des angreifenden Momentes auf.

Bild 137

Der Leser wird fragen: Warum geht dies nicht hervor aus den (in Abschnitt 3.5 abgeleiteten) Differentialbeziehungen? Unsere Antwort: Weil das untersuchte Element nicht durch ein äußeres Moment beansprucht wurde.

Diese Beanspruchung (Bild 137) lässt zwar die Gleichungen $\Sigma H = 0$ und $\Sigma V = 0$ unverändert bestehen, geht jedoch ein in die Gleichung

$$\sum M_a = 0: \quad V \cdot \frac{dx}{2} + (V + dV) \cdot \frac{dx}{2} + M - (M + dM) - M_0 = 0.$$

Dies liefert $dM = -M_0 + V \cdot dx$. Lassen wir nun dx gegen Null gehen, so ergibt sich $dM = -M_0$: die gesuchte Aussage.

Und auch dies erwähnen wir, obwohl es eigentlich selbstverständlich ist: Beginnt oder endet in einem Punkt a eines Tragwerks eine Streckenlast, so stimmen die Werte der Querkraft unmittelbar links oder rechts dieses Punktes miteinander überein. Dementsprechend ist die Neigung der Momentenlinie links und rechts dieses Punktes gleich: Die M-Linie hat hier also *keinen* Knick.

3.6.2 Der Stababschnitt; Rekursionsformeln

Bevor wir den Einfeldbalken verlassen, kehren wir noch einmal zurück zu dem in Bild 116 gezeigten Beispiel, indem wir die Schnittgrößen gezielt in einigen Punkten bestimmt haben. Wir haben dabei jeweils an einem Punkt einen Schnitt geführt und dann für den linken oder rechten Tragwerksteil die Gleichgewichtsbedingungen angeschrieben.

Obwohl dabei stets die gleichen Gleichgewichtsbedingungen $\Sigma V = 0$, $\Sigma H = 0$ und $\Sigma M = 0$ verwendet wurden, waren die sich daraus ergebenden Gleichungen jedes Mal verschieden. Wir wollen nun versuchen, die Schnittgrößen-Berechnung derart zu organisieren, dass dabei einheitliche Gleichungen verwendet werden können. Eine solche Formalisierung wird immer dann nötig, wenn die Ausführung der zugehörigen numerischen Arbeiten Hilfskräften übertragen werden soll. Eine Hilfskraft in diesem Sinne ist auch der Computer. In Bild 138 ist das o. g. System noch einmal dargestellt. Nachdem wir die Stützkräfte bestimmt haben, sind alle von außen auf das Tragwerk wirkenden Kräfte bekannt. Nun stellen wir fest, an welchen Punkten die Schnittgrößen bekannt sein müssen,[57] damit die Zustandslinien gezeichnet werden können. Wir geben ihnen Nummern, etwa beginnend mit 0.

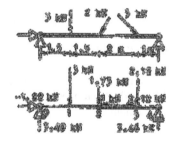

Bild 138 Einzellasten

---

[57] Es werden i. W. die Lastangriffspunkte sein. Bei geknicktem Verlauf der Stabachse werden die Schnittgrößen in diesen Knickpunkten zusätzlich bekannt sein müssen, bevor die

Im Falle einer beliebigen Belastung (Einzellasten, Einzelmomente, Streckenlasten, Streckenmomente) muss damit gerechnet werden, dass sowohl die Querkraftlinie als auch die Biegemomentenlinie in manchen Punkten Sprünge aufweist. Wir gehen deshalb zunächst davon aus, dass die Schnittgrößen vor und hinter jedem nummerierten Punkt bekannt sein müssen. Das führt dazu, dass das in Bild 138 gezeigte System wie im Bild 139 gezeigt „zerschnitten" werden müsste:

Da jedes Teilstück im Gleichgewicht sein muss, können jedes Mal 3 Gleichgewichtsbedingungen angeschrieben werden. Mit ihnen können – etwa an Knoten 0 beginnend – die drei an jedem Teilstück neu auftretenden Schnittgrößen direkt bestimmt werden. Dabei gehen eventuell zuvor bestimmt Schnittgrößen als bekannte Größen in die Gleichungen ein.

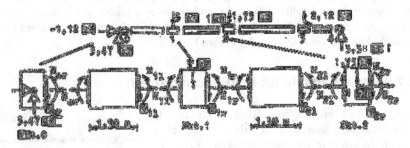

Bild 139 Stababschnitte

Wir untersuchen nun einen beliebigen Knoten i und den anschließenden Stab (Bild 140) und setzen dabei zunächst voraus, dass nur Einzelkräfte wirken und keine Einzelmomente.[58]

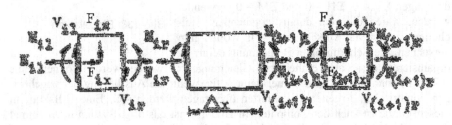

Bild 140 Zur Ableitung der Rekursionsformeln

Zustandslinien gezeichnet werden können. Wir behandeln in diesem Zusammenhang nur den geraden Stab.

[58] Diese wirken nur in den Knoten, da ja die Schnitte dementsprechend gelegt wurden.

Gleichgewicht am Knoten i liefert mit den Gleichungen

$$\sum V = 0: \quad V_{ir} - V_{il} + F_{iz} = 0 \qquad\qquad V_{ir} = V_{il} - F_{iz}$$

$$\sum H = 0: \quad N_{ir} - N_{il} + F_{ix} = 0 \qquad \text{die Beziehungen} \quad N_{ir} = N_{il} - F_{ix}$$

$$\sum M_i = 0: \quad M_{ir} - M_{il} = 0 \qquad\qquad M_{ir} = M_{il}$$

Gleichgewicht am Stab liefert mit den Gleichungen

$$\sum V = 0: \quad V_{(i+1)l} - V_{ir} = 0 \qquad\qquad V_{(i+1)l} = V_{ir}$$

$$\sum H = 0: \quad N_{(i+1)l} - N_{ir} = 0 \qquad \text{die Beziehungen} \quad N_{(i+1)l} = N_{ir}$$

$$\sum M_i = 0: \quad M_{(i+1)l} - M_{ir}$$
$$- V_{(i+1)l} \cdot \Delta x = 0 \qquad\qquad M_{(i+1)l} = M_{ir} + V_{(i+1)l} \cdot \Delta x$$

Die Bedingung $\Sigma M = 0$ am Knoten besagt, dass das Biegemoment unmittelbar rechts eines Punktes gleich ist dem Biegemoment unmittelbar links dieses Punktes. Wir können deshalb auf den Index l bzw. r verzichten und einfach schreiben M_i bzw. M_{i+1}. Die Bedingungen $\Sigma V = 0$ und $\Sigma H = 0$ am Stab besagen, dass die Querkraft rechts neben einem Lastangriffspunkt gleich ist der Querkraft links neben dem folgenden Lastangriffspunkt. Wir sagen $V_{ir} = V_{(i+1)l} = V_{i,i+1}$ und natürlich entsprechen $V_{(i-1)r} = V_{il} = V_{i-1,i}$. Mit diesen Bezeichnungen liefern die drei restlichen Gleichungen ($\Sigma V = 0$ und $\Sigma H = 0$ am Knoten und $\Sigma M = 0$ am Stab) die Beziehungen

$V_{i,i+1} = V_{i-1,i} - F_{iz}$	$N_{i,i+1} = N_{i-1,i} - F_{ix}$	$M_{i+1} = M_i + V_{i,i+1} \cdot \Delta x$

Tafel 8 Zu Beispiel von Bild 138

i	F_z	V	Δx	V·Δx	M	F_x	N
		0		0			0
0	− 3,47				0	− 1,12	
		+ 3,47	1,5	5,205			+ 1,12
1	+ 3,00				5,205	0	
		+ 0,47	1,5	0,705			+ 1,12
2	+ 1,73				5,910	− 1,00	
		− 1,26	2,0	− 2,520			+ 2,12
3	+ 2,12				3,390	+ 2,12	
		− 3,38	1,0	− 3,380			0
4	− 3,38				+0,01 ≈ 0	0	
		0					0
					0		

Ein Kommentar ist nicht erforderlich. Durch die versetzte Anordnung der V- und N-Spalten wird deutlich, dass die angegebenen V- und N-Werte rechts von Punkt i und links von Punkt i + 1 auftreten.

Was muss nun zusätzlich getan werden, wenn (auch) Streckenlasten wirken? Naheliegend und einfach ist es, einen gedachten Zwischenträger (oder mehrere) einzuschalten und die Streckenlasten – wie besprochen – durch dessen Auflagerkräfte zu ersetzen. Das macht gewisse Vor- und Nacharbeiten erforderlich.

Tafel 9 Zu Beispiel von Bild 141

i	F_z	V	Δx	V·Δx	M	F_x	N
		0					0
0	− 7,55				0	− 1,12	
		+ 7,55	1,5	+ 11,33			+ 1,12
1	4,50				+ 11,33	0	
		+ 3,05	1,5	+ 4,58			+ 1,12
2	3,73				+ 15,91	− 1,00	
		− 0,68	0,5	− 0,34			+ 2,12
3	3,50				+ 15,57	0	
		− 4,18	1,5	− 6,27			+ 2,12
4	5,12				+ 9,30	+ 2,12	
		− 9,30	1,0	− 9,30			0
5	− 9,30				0	0	
							0

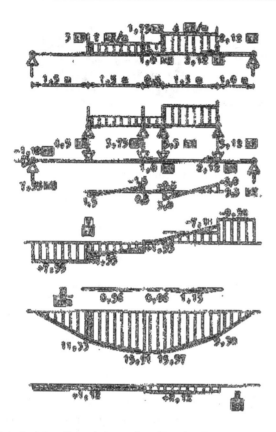

Bild 141 Streckenlasten

Vorarbeiten: Berechnung der Stützkräfte der Zwischenträger; Nacharbeiten: Bestimmung der Zustandslinie dieser Zwischenträger und Addition dieser Zustandslinien zu den Linien des gegebenen Tragwerks. Wir zeigen hier ein kleines Beispiel (Bild 141 und Tafel 9).

Die oben dargestellten Tabellenrechnungen in Tafel 8 und Tafel 9 können auch sehr einfach mit Tabellenkalkulationsprogrammen (z. B. Excel) erledigt werden. Wir tun das hier nicht.

Schließlich fragen wir: Wie können äußere (also Last-)Momente in diesem Rechenschema mit verarbeitet werden? Nun, sie können durch ein äquivalentes Kräftepaar ersetzt werden. Das hat dann – ebenso wie bei den Streckenlasten – einige Vor- und Nacharbeiten zur Folge. Wir zeigen hierfür kein Beispiel, da diese Zusatzarbeiten denjenigen des letzten Beispiels sehr ähnlich sind (vergleiche auch die Beispiele Bild 118 und Bild 136). Sollen diese Zusatzarbeiten vermieden werden, so müssen Schnitte vor und hinter jedem markanten Punkt geführt werden (Bild 142).

Bild 142 Rekursion bei Lastmomenten

Gleichgewicht am Knoten: [59] Die Gleichgewichtsbedingungen

$$\sum V = 0: \quad V_{ir} + F_{iz} - V_{il} = 0 \qquad\qquad V_{ir} = V_{il} - F_{iz}$$

$$\sum H = 0: \quad N_{ir} + F_{ix} - N_{il} = 0 \qquad \text{liefern} \qquad N_{ir} = N_{il} - F_{ix}$$

$$\sum M_i = 0: \quad M_{ir} + M_{i0} - M_{il} = 0 \qquad\qquad M_{ir} = M_{il} - M_{i0}$$

Gleichgewicht am unbelasteten Stab: Die Gleichgewichtsbedingungen

$$\sum V = 0: \quad V_{(i+1)l} - V_{ir} = 0 \qquad\qquad V_{(i+1)l} = V_{ir}$$

$$\sum H = 0: \quad N_{(i+1)l} - N_{ir} = 0 \qquad \text{liefern} \qquad N_{(i+1)l} = N_{ir}$$

$$\sum M_i = 0: \quad M_{(i+1)l} - M_{ir} - V_{ir} \cdot \Delta x = 0 \qquad\qquad M_{(i+1)l} = M_{ir} + V_{ir} \cdot \Delta x$$

Die Gleichungen $\sum V = 0$ und $\sum H = 0$ am Stababschnitt besagen zunächst, dass Quer- und Normalkraft rechts neben einem Lastangriffspunkt gleich sind der Quer- und Normalkraft links neben dem folgenden Lastangriffspunkt. Wir bringen dies zum Ausdruck durch die Schreibweise

$$V_{ir} = V_{(i+1)l} = V_{i,i+1} \qquad \text{und entsprechend} \qquad V_{(i-1)r} = V_{il} = V_{i-1,i}$$

$$N_{ir} = N_{(i+1)l} = N_{i,i+1} \qquad \text{und entsprechend} \qquad N_{(i-1)r} = N_{il} = N_{i-1,i}$$

Damit können wir schreiben ($\sum V = 0$ und $\sum H = 0$ am Knoten)

$$V_{i,i+1} = V_{i-1,i} - F_{iz} \qquad\qquad N_{i,i+1} = N_{i-1,i} - F_{ix}$$

Diese Schnitt*kräfte* werden also ebenso ermitteln wie bei Abwesenheit äußerer Momente. Was nun das Schnitt*moment* (Biegemoment) betrifft, so spalten wir das neu

---

[59] Hier am Knoten i.

hinzugekommene Glied M_{i0} (nicht etwa den Einfluss der äußeren Momente) zunächst ab und berechnen in einem ersten Rechengang ($\sum M = 0$ am Knoten) wegen $M_{ir}^{I} = M_{il}^{I} = M_{i}^{I}$ (entsprechend können wir schreiben $M_{(i+1)l}^{I} = M_{i+1}^{I}$) die Momente ($\sum M = 0$ am Stab) $M_{i+1}^{I} = M_{i}^{I} + V_{i,i+1} \cdot \Delta x$.

Ein zweiter Rechengang liefert nun die Momente infolge des Gliedes M_{i0}:

$$M_{ir}^{II} = M_{il}^{II} - M_{i0} \qquad (\sum M = 0 \text{ am Knoten})$$

$$M_{(i+1)l}^{II} = M_{ir}^{II} \qquad (\sum M = 0 \text{ am Stab})$$

Die zweite Gleichung besagt, dass die M^{II}-Werte rechts neben einem Lastangriffspunkt gleich sind den M^{II}-Werten links neben dem folgenden Lastangriffspunkt:

$$M_{ir}^{II} = M_{(i+1)l}^{II} = M_{i,i+1}^{II}, \text{ entsprechend } M_{(i-1)r}^{II} = M_{il}^{II} = M_{i-1,i}^{II}.$$

Damit schreiben wir die erste Gleichung in der Form

$$\boxed{M_{i,i+1}^{II} = M_{i-1,i}^{II} - M_{i0}}$$

Tafel 10: Zu Beispiel von Bild 143

i		F_{iz}	$V_{i,i+1}$	Δx	$V \cdot \Delta x$	M_i	M_{i0}	$M_{i,i+1}$	M_{il}/M_{ir}
0	0l		0					0	0
	0r	− 6,46				0	0		0
1	1l		+ 6,46	2,00	+ 12,92			0	+ 12,92
	1r	+ 5,00				+ 12,92	0		+ 12,92
2	2l		+ 1,46	1,00	+ 1,46			0	+ 14,38
	2r	+ 2,50				+ 14,38	+ 9,00		+ 5,38
3	3l		− 1,04	1,50	− 1,56			− 9,00	+ 3,82
	3r	+ 1,50				+ 12,82	0		+ 3,82
4	4l		− 2,54	1,50	− 3,81			− 9,00	≈ 0
	4r	− 2,54				+ 9,01	0		0
								− 9,00	

Durch Summation der beiden Bie-
gemomentenanteile ergibt sich das
tatsächlich wirkende Biegemoment
rechts und links der Lastangriffsstel-
len. Ein kleines Beispiel (Bild 143)
möge die Tabellenrechnung zeigen
(Tafel 10).

Wir haben am Einfeldbalken nun
zwei analytische Verfahren zur
Schnittgrößen-Bestimmung kennengelernt. Bei dem ersten Verfahren
stützt man sich nur auf äußere Kräfte
bzw. Kraftgrößen (also auf gegebene
Werte), beim zweiten Verfahren
verwendet man i. A. äußere und innere Kraftgrößen (also gegebene und
errechnete Werte).

Das erste Verfahren ist empfehlens-
wert, wenn die Schnittgrößen an nur
ganz wenigen Stellen ermittelt werden sollen; das zweite Verfahren,
wenn an vielen Stellen oder gar allen
Lastangriffspunkten die Schnittgrößen bestimmt werden sollen (etwa
mit dem Ziel, die Zustandslinien zu

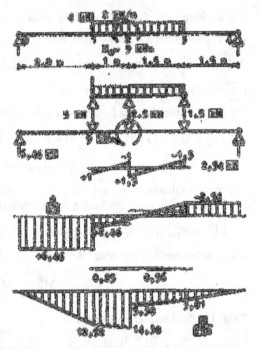

Bild 143 Lastmoment

zeichnen). Für die Ermittlung von Zustandsgrößen mit dem Rechner kommt nur das
zweite Verfahren infrage.

Was die Kontrolle der errechneten Werte anbetrifft, so ist das zweite Verfahren
günstiger: Ergeben sich dort richtige Werte für die Schnittgrößen an bestimmten
Stellen – etwa $V(l) = -B$ und $M(l) = 0$ bei den gezeigten Beispielen –, so kann daraus (mit großer Wahrscheinlichkeit) auf die Richtigkeit aller vorher ermittelten
Schnittgrößen geschlossen werden.

3.6.3 Balken auf zwei Stützen mit Kragarm

Wir verlassen damit den Einfeldbalken und wenden uns dem Balken auf zwei Stützen mit Kragarm zu. Da die Schnittgrößen dieses Tragwerks nach den gleichen Verfahren berechnet werden wie diejenigen des zuvor untersuchten Einfeldbalkens,
wollen wir unsere Aufmerksamkeit bei der Untersuchung eines auskragenden oder
überkragenden Balkens speziell diesen Fragen widmen:

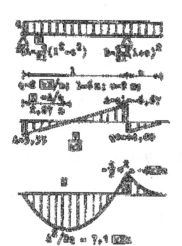

1. Wie wird die Biegemomenten-Nullstelle gefunden?

2. Für welche Last-Zusammenstellung Eigengewicht/Verkehrslast ergeben sich Größtwerte für Querkraft, Biegemoment und Stützkräfte?

Wir werden dabei ausschließlich Gleichlasten (= gleichmäßig verteilte Streckenlasten) ansetzen, da dies in der Praxis die „Standard-Belastung" ist.

Betrachten wir zunächst den in Bild 144 dargestellten Balken mit *einem* Kragarm. Die Stützkräfte ergeben sich zu

$$A_v = \frac{q}{2 \cdot l} \cdot (l^2 - c^2) \quad \text{und} \quad B = \frac{q}{2 \cdot l} \cdot (l+c)^2 .$$

Bild 144 Der Balken auf 2 Stützen mit Kragarm

Wir legen einen Schnitt im Abstand x vom linken Auflager und erhalten aus der Forderung nach Gleichgewicht des linken Teilsystems (der Leser möge dies überprüfen)

$$V_I(x) = A - q \cdot x$$

$$M_I(x) = A \cdot x - \frac{q}{2} \cdot x^2$$

Diese Beziehungen gelten im Bereich I: $0 \le x \le l$.

Ein Schnitt im Kragarmbereich liefert, wenn wir den rechten Teil betrachten,

$$V_{II}(x) = q \cdot (l + c - x)$$

$$M_{II}(x) = -\frac{q}{2} \cdot (l + c - x)^2$$

Der Geltungsbereich dieser Beziehungen: $l \le x \le l + c$ (Bereich II). Ausgezeichnete Werte sind $V_I(l) = A - q \cdot l$, $V_{II}(l) = q \cdot c$ und $M_I(l) = M_{II}(l) = -\frac{q}{2} \cdot c^2$. Die Biegemomentenlinie verläuft parallel zur Bezugslinie dort, wo die Querkraft verschwindet:

$$0 = A - q \cdot x_0 \rightarrow x_0 = \frac{A}{q}, \quad M(x_0) = \max M_F = \frac{A^2}{2 \cdot q}$$

Während bei den bisher betrachteten Beispielen nur die Querkraft ihr Vorzeichen wechselte, wechselt hier nun auch das Biegemoment sein Vorzeichen. Diese Stelle des Vorzeichenwechsels von M_I, also die Biegemomenten-Nullstelle, wollen wir berechnen:

$$0 = A \cdot \overline{x}_0 - \frac{q}{2} \cdot \overline{x}_0^2 \quad \text{liefert} \quad \overline{x}_{01} = 0 \text{ und } \overline{x}_{02} = \frac{2 \cdot A}{q}.$$

Der erste Wert ist trivial (Nullstelle im Auflager a), der zweite Wert besagt, dass die Biegemomenten – Nullstelle und Querkraft-Nullstelle (Ort des Biegemomentenmaximums) in einem festen Verhältnis zueinander stehen: $\overline{x}_0 = 2 \cdot x_0$. Die Querkraft an

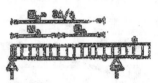

dieser Stelle x = $\overline{x}_0$ beträgt V($\overline{x}_0$)=A – 2 · A = – A, sie ist also gleich der Querkraft am rechten Auflager

Bild 145 Verschiebliches
Tragwerk

eines Einfeldbalkens (ohne Kragarm). Die Länge dieses Einfeldbalkens $\overline{x}_0$ lässt

sich damit auch recht einfach ermitteln aus $\max M_F = \frac{q}{8} \cdot \overline{x}_0^2$ zu $\overline{x}_0 = \sqrt{\frac{8 \cdot \max M_F}{q}}$.

Wir werden diese Beziehung im nächsten Beispiel mit großem Gewinn verwenden. An den Zustandslinien, die wir für q = 2 kN/m, l = 6 m und c = 2 m darstellen, lassen sich die Zusammenhänge leicht erkennen. Um diese Zusammenhänge besser sichtbar zu machen, haben wir in Bild 145 einen „Gelenk"-Träger dargestellt, der sich unter der angesetzten Belastung ebenso verhält wie der ebene Träger. Dieser Gelenkträger ist – wie man sofort sieht – verschieblich und würde deshalb nie gebaut werden. Unter der angegebenen Belastung jedoch befindet sich das Tragwerk in (indifferentem) Gleichgewicht.[60]

Wir fügen hier noch eine Bemerkung an, die das Zeichnen der (Biegemomenten) Parabel betrifft.[61]

Ist $M_b = -\frac{q}{2} \cdot c^2$ bestimmt (Bild 146), so kann man

die geneigte Verbindungslinie a' – b' für die Konstruktion der Parabel als Grundlinie benutzen. Von ihr trägt man bei

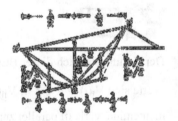

$$x = \frac{l}{2} \text{ den Wert } M_0 = \frac{q}{8} \cdot l^2$$

ab und findet so den ersten Parabelpunkt (natürlich ist dies nicht der am weitesten von der Null-Linie entfernte Punkt). Zwei weitere Punkte der Parabel

Bild 146
Parabel – Konstruktion

---

[60] Ein Tragwerk ist in indifferentem Gleichgewicht, wenn es sich in eine nahe benachbarte Lage bringen lässt ohne Aufwendung von Arbeit.

[61] Da solche Parabeln in der Praxis fast täglich zu zeichnen sind, sollte sie der Ingenieur proportionsgerecht zeichnen können ohne Rechnung bzw. Anwendung zeitraubender zeichnerischer Verfahren.

findet man, wenn man die Strecken $\frac{l}{2}$ noch einmal teilt und in beiden Teilungs-
punkten die Senkrechten auf der Null-Linie errichtet. Die Parallele zu a' – b' durch m
schneidet diese Senkrechten, ebenso werden sie geschnitten durch die Verbindungslinien a' – m und b' – m. Hierdurch werden auf den Senkrechten die Abschnitte a
und b gebildet. Die Parabel halbiert diese Abschnitte. Die Tangenten an die Parabel
in den Punkten a' und b' sind in Bild 146 durch gestrichelte Linien dargestellt.

Von der Mathematik zurück zur Statik. Wir wollen nun annehmen, der vorliegende
Träger sei Bestandteil eines geplanten Bauwerks und solle dementsprechend bemessen werden. Welche Belastungen wird er zu tragen haben? Er wird selbstverständlich zunächst ständig sein Eigengewicht (und eventuell das Eigengewicht aufliegen-
der Bauteile) tragen müssen; darüber hinaus wird er eine Nutzlast oder Verkehrslast
tragen müssen, die zeitweise vorhanden sein wird aber nicht dauernd. Da beim Entwurf eines Bauteiles selbstverständlich die ungüns-
tigste Beanspruchung der Bemessung zugrunde gelegt werden muss, ist die Frage zu beantworten:

Welche Teile eines Tragwerks müssen bei der
Rechnung mit Verkehr belastet werden, damit sich
für bestimmte Schnitt- und Stützgrößen Maximalwerte ergeben?

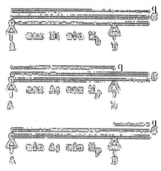

Eine Antwort auf diese Frage in Form von Dia-
grammen und Formeln gibt die Theorie der Einflusslinien. Man kann die Frage jedoch in einfachen
Fällen auch ohne Rechnung beantworten (Bild 147).
Die größte Stützkraft B zum Beispiel tritt auf, wenn

Bild 147 Lastfälle

die Verkehrslast q sowohl im Feld als auch auf dem
Kragarm wirkt, während die größte Stützkraft A auftritt, wenn die Verkehrslast nur
im Feld wirkt, da eine Kragarm-Belastung das Auflager a entlastet.

Bei praktischen Aufgaben sind die einzelnen Belastungen Eigengewicht und Verkehr noch mit Teilsicherheitsbeiwerten zu versehen. Uns geht es hier nur um das
grundsätzliche Verständnis und darum berücksichtigen wir diese Beiwerte hier
nicht.

Das größte Stützmoment entsteht, wenn der Kragarm durch q belastet wird (unabhängig von der Feldbelastung), und das größte Feldmoment entsteht, wenn q nur im
Feld wirkt (leicht zu erkennen auch an der Beziehung max $M_F = A^2/(2 \cdot q)$: Zu einem
maximalen A gehört ein maximales M_{Feld}).

Wir zeigen obenstehend die einzelnen Lastfälle. Nun interessiert häufig nicht nur der
größte auftretende Wert einer Schnitt- oder Stützgröße, sondern auch deren kleinster
Wert. Wird beispielsweise das Verhältnis q/g oder c/l sehr groß, so kann in Auflager
a eine negative Stützkraft, also eine Zugkraft, entstehen. Gleichzeitig würde im Bereich des ganzen Feldes ein negatives Biegemoment auftreten. Das Tragwerk müsste

dann in Auflager a gegen Abheben gesichert und im Feld für die Aufnahme negativer Biegemomente vorbereitet (bemessen) werden. Man sieht: Der Kleinstwert interessiert immer dann, wenn die Gefahr besteht, dass die infrage stehende Größe ihr Vorzeichen – ihre Richtung – wechselt. Wir müssen in diesem Zusammenhang eine Vereinbarung treffen über die Symbole für „Größtwert" und „Kleinstwert". Tragen wir alle möglichen Z-Werte auf einer (positiv) nach oben gerichteten Z-Skala an, so nennen wir den am weitesten oben liegenden Z-Wert „max Z" und den am weitesten unten liegenden Z-Wert „min Z". In Bild 148 zeigen wir einige Beispiele:

Wir sehen: Nicht der betragsmäßig größte Wert wird „max Z" genannt, sondern der Höchstwert. Entsprechend heißt der niedrigste Wert grundsätzlich „min Z".

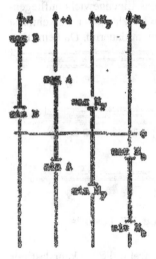

Bild 148 Zur Bezeichnung „max Z – min Z"

Wir zeigen nun als Beispiel die zu den drei oben angegebenen Lastfällen gehörenden Zustandslinien für $q/g = 1,0/1,0$ (kN/m) (Bild 149). Die stark ausgezogenen Begrenzungslinien heißen Querkraft-Grenzlinie bzw. Biegemomenten-Grenzlinie.

Bei irgendwelchen Kontrollen muss selbstverständlich darauf geachtet werden, dass zusammengehörende Werte geprüft werden. So ergibt sich zum Beispiel max A +max B−(g+q)· (l+c) ≠0, da max A nicht (wie max B) zu dem Lastfall „(q + g) auf (l + c)" gehört.

Wir kommen nun zum Balken auf zwei Stützen mit *zwei* Kragarmen und geben in Bild 150 die verschiedenen Lastfälle mit den zugehörigen Extremwerten an. Wir sehen: Es müssen 6 Lastfälle gerechnet werden. Man kommt mit nur 4 Berechnungen aus, wenn man von der Möglichkeit der Überlagerung (Superposition) Gebrauch macht. Die vier Fälle A bis D sind dann (siehe auch Tafel 11):

A: Eigengewicht,
B: q auf linkem Kragarm,
C: q auf (Mittel-)Feld,
D: q auf rechtem Kragarm.

Wir zeigen das Vorgehen für die in Bild 151 angegebenen. Werte. Während die Rechnung selbst trivial ist, sollte man die Organisation der Berechnung wohl bedenken. Dabei ist zunächst die Tatsache von Bedeutung, dass sich nur diejenigen Größen überlagern (ad-

Tafel 11

	I	II	III	IV	V	VI
	X	X	X	X	X	X
−q	X			X		X
q	X	X	X			
q		X			X	X

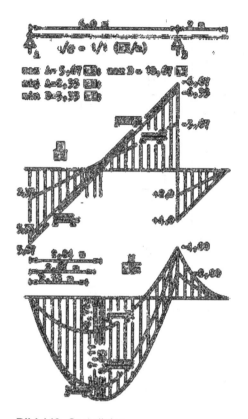

Bild 149 Grenzlinien

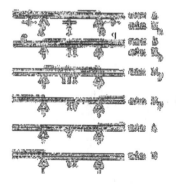

Bild 150 Lastfälle

dieren) lassen, die an derselben Stelle auftreten. Sinnvoll in unserem Falle ist deshalb für die Lastfälle A bis D nur die Berechnung der Stützkräfte bzw. der Querkräfte in den Auflagerpunkten sowie der Stützmomente. Die Feldmoment-Extremwerte können exakt erst nach der Überlagerung bestimmt werden, d. h. für die „addierte Belastung."

Tafel 12 zeigt den Aufbau der Rechnung und die dabei gefundenen Zahlenwerte. Nachdem für die Lastfälle A bis D die Werte der Spalten 2 bis 9 bestimmt waren, wurden aus ihnen durch Addition die entsprechenden Werte der Lastfälle I bis VI errechnet. Zum Beispiel ergibt sich für den Lastfall V der V_{ar}-Wert in der Form $3,188 - 0,333 = + 2,855$.

Dann wurden die Querkraft-Nullstellen im Feld bestimmt nach der o.a. Formel $x_0 = V_{ar}/q_{Feld}$. Danach wurde der zugehörige max M-Wert bestimmt aus einer Gleichgewichtsbetrachtung des hier dargestellten Teilstücks:

$$\sum M_a = 0:$$

$$\max M_F - M_a - \frac{1}{2} \cdot q_F \cdot x_0^2 = 0$$

$$\max M_F = M_a + \frac{1}{2} \cdot q_F \cdot x_0^2 .$$

Tafel 12

1	2	3	4	5	6	7	8	9	10	11	12
	M_a	M_b	V_{al}	V_{ar}	A	V_{bl}	V_{br}	B	x_0	max M_F	L_0
	kNm	kNm	kN	kN	kN	kN	kN	kN	m	kNm	m
A	 $-3,125$	$-2,000$	$-2,50$	$+2,188$	$+5,688$	$-2,812$	$+2,00$	$+4,812$			
B	 $-3,125$	0	$-2,50$	$+0,521$	$+3,021$	$+0,521$	0	$-0,521$			
C	 0	0	0	$+3,000$	$+3,000$	$-3,000$	0	$+3,000$			
D	 0	$-2,000$	0	$+0,333$	$+0,333$	$-0,333$	$+2,00$	$+2,333$			
I 	$+0,260$	$-2,000$	$+6,00$	$+5,709$	$+11,709$	$-6,291$	$+2,00$	$+7,291$	$3,35$	$+5,00$	$4,47$
II	 $-3,125$	$-4,000$	$-2,50$	$+5,855$	$+8,355$	$-8,145$	$+4,00$	$10,145$	$2,93$	$+5,45$	$4,87$
III	 $-3,125$	$-2,000$	$-2,50$	$+9,188$	$+8,688$	$-5,812$	$+2,00$	$+7,312$	$3,09$	$+8,45$	$6,08$
IV	$+0,260$	$-4,000$	$-6,00$	$+3,375$	$+8,375$	$-2,824$	 $+4,00$	$+6,824$	$4,35$	$-0,66$	—
V	 $-3,125$	$-4,000$	$-2,50$	$+2,855$	$+5,355$	$-3,145$	$+4,00$	$+7,145$	$2,90$	$+0,65$	$2,70$
VI	$+0,250$	$-2,000$	$-5,00$	$+3,708$	$+8,708$	$-2,291$	$+2,00$	$+4,291$	$3,71$	$+0,83$	$3,24$

Die Biegemomenten-Nullstellen liegen, wie wir festgestellt haben, symmetrisch zum Ort des maximalen Feldmomentes. Ihren gegenseitigen Abstand kann man leicht bestimmen (als Stützlänge eines Einhängeträgers) aus der Formel

$$\max M_F = \frac{q}{8} \cdot l_0^2 \ \text{zu}$$

$$l_0 = \sqrt{\frac{8 \cdot \max M_F}{q}}.$$

Ihr Abstand vom Ort des M-Maximums beträgt dann $l_0/2$ und kann leicht auf der Bezugslinie markiert werden (Bild 152). Natürlich können wir auch die Abstände der Biegemomenten-Nullstellen von den Auflagern a und b direkt bestimmen. Dabei ist es sinnvoll, das Tragwerk in Abschnitte mit kontinuierlicher Belastung zu zerlegen[62] (Bild 153).

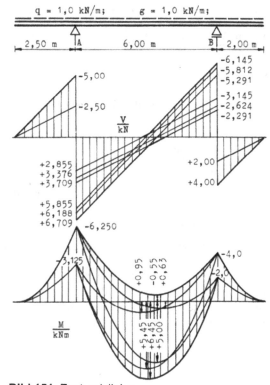

Bild 151 Zustandslinien

Bild 152
Zur Berechnung der Momenten - Nullstellen

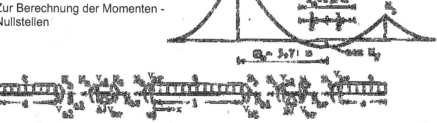

Bild 153 Abschnitte mit jeweils gleichartiger Belastung

---

[62] Eine solche Zerlegung ist bei Untersuchungen derartiger Tragwerke stets sinnvoll.

Eine Gleichgewichtsbetrachtung des untenstehend dargestellten Teilsystems liefert

wegen $\sum M = 0$: $M(x) + \dfrac{q}{2} \cdot x^2 - M_a - V_{ar} \cdot x = 0$ das Biegemoment an der Stelle x:

$$M(x) = M_a + V_{ar} \cdot x - \dfrac{q}{2} \cdot x^2.$$

Die Biegemomenten-Nullstellen ergeben sich damit aus der Bestimmungsgleichung

$$0 = M_a + V_{ar} \cdot x_0 - \dfrac{q}{2} \cdot x_0^2$$

$$x_{0_{1,2}} = +\dfrac{V_{ar}}{q} \pm \sqrt{\left(\dfrac{V_{ar}}{q}\right)^2 + \dfrac{2 \cdot M_a}{q}}.$$

Mit den Werten des Lastfalles VI liefert das

$x_{0_{1,2}} = +3{,}709 \pm \sqrt{13{,}7 - 12{,}5}$ und also $x_{0_1} = 2{,}588$ m, $x_{0_2} = 4{,}830$ m.

Kontrolle: $4{,}830 - 2{,}588 = 2{,}242$ m $= l_0$

Wir erwähnen noch, dass bei diesem System die (in Tafel 12 angegebenen) Quer- und Stützkräfte auf zweierlei Art bestimmt werden können. An der Bestimmung der drei Größen V_{al}, V_{ar} und A sei dies gezeigt.

1. Methode

$$\sum M_b = 0: \quad A \cdot l - \dfrac{q}{2} \cdot (l+d)^2 + \dfrac{q}{2} \cdot c^2 = 0; \qquad A = \dfrac{q}{2 \cdot l} \cdot \left[(l+d)^2 - c^2\right]$$

$$\sum V = 0: \quad V_{al} + q \cdot d = 0$$

$$V_{al} = -q \cdot d$$

$$\sum V = 0: \quad V_{ar} - V_{al} - A = 0$$

$$V_{ar} = A + V_{al}$$

2. Methode

$$\sum M_b = 0: \quad V_{ar} \cdot l + M_a - M_b - \dfrac{q}{2} \cdot l^2 = 0$$

$$V_{ar} = \dfrac{1}{l} \cdot (M_b - M_a) + \dfrac{q \cdot l}{2} = \dfrac{1}{l} \cdot (M_b - M_a) + V_{a0}$$

$$V_{a0} = \frac{q \cdot l}{2}$$ ist die Querkraft, im entsprechenden Auflager eines Einfeldbalkens ohne Endmomente.

$$\sum V = 0: \quad V_{al} + q \cdot d = 0$$

$$V_{al} = - q \cdot d$$

$$\sum V = 0: \quad A + V_{al} - V_{ar} = 0$$

$$A = V_{ar} - V_{al}$$

Bei der erstgenannten Methode werden Gleichgewichtsbetrachtungen nicht nur an (den) Teilsystemen, sondern auch am Gesamtsystem angestellt, während bei der zweitgenannten Methode ausschließlich Teilsysteme betrachtet werden. Obwohl bei der zweitgenannten Methode die Biegemomente an den Schnittstellen mit verarbeitet werden und also bekannt sein müssen, ist sie die gebräuchlichere. Bei ihr ist der Arbeitsaufwand von der Größe des Gesamttragwerkes unabhängig.

3.6.4 Der Gerberträger

Wir kommen nun zu den Zustands-linien eines Gerberträgers und unter-suchen als Beispiel das in Bild 154 dargestellte System. Neue Grund-satzüberlegungen werden dabei nicht erforderlich. Nachdem die Stützkräfte bestimmt und damit alle von außen auf das Tragwerk wirkenden Kräfte bekannt sind, wird zunächst die Querkraft-Linie am rechten Trag-werks-Ende beginnend[63] gezeichnet. Danach wird man die M-Linie zeich-nen, indem man zunächst die Stütz-momente bestimmt und dann den Verlauf in den Feldern ermittelt. Im vorliegenden Fall wird man von den Verbindungslinien der Stützmomente

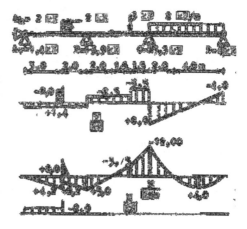

Bild 154 Gerberträger

Bei dieser Arbeitsrichtung ist die Anschauung beim Zeichnen der V-Linie behilflich. Na-türlich kann – bei Verzicht auf diese Hilfe – auch am linken Tragwerksende oder an jeder beliebigen Stelle dazwischen begonnen werden.

die beiden Einfeldbalken – Feldmomente $M_0 = F \cdot \dfrac{a \cdot b}{l}$ und $M_0 = \dfrac{q}{8} \cdot l^2$ abtragen und

damit in den Feldern 2 und 3 je einen wichtigen Punkt auf der Biegemomentenlinie kennen. In Feld 1 wird man die Biegemomente unmittelbar links und rechts neben dem Punkt, wo das senkrechte Trägerstück angesetzt ist, berechnen und kann damit

die M-Linie zeichnen. Die Beziehung $\dfrac{dM}{dx} = V$ wird als Hilfe und Kontrolle willkommen sein.

Beispiel:

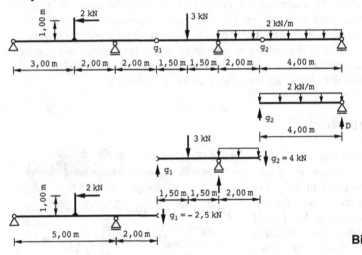

Bild 155

$$D = g_2 = 2 \cdot \frac{4,00}{2} = 4\,\text{kN}$$

$$\sum M_g = 0 \qquad C = \frac{1}{3,00} \cdot (3 \cdot 1,50 + 2 \cdot 2,00 \cdot 4,00 + 4 \cdot 5,00)$$

$$C = \frac{40,5}{3} = 13,5\,\text{kN}$$

$$\sum M_c = 0 \qquad g_1 = \frac{1}{3,00} \cdot (3 \cdot 1,50 - 2 \cdot 2,00 \cdot 1,00 - 4 \cdot 2,00)$$

$$g_1 = \frac{-7,5}{3} = -2,5\,\text{kN}$$

$$A_h = 0$$

$$\sum M_A = 0 \quad B = \frac{1}{5,00} \cdot (-2,5 \cdot 7,00 - 2 \cdot 1,00)$$

$$B = \frac{-19,5}{5,00} = -3,9 \, kN$$

$$\sum M_B = 0 \quad A_v = \frac{1}{5,00} \cdot (2 \cdot 1,00 + 2,5 \cdot 2,00)$$

$$A_v = \frac{7}{5,00} = 1,4 \, kN$$

Kontrolle am gesamten System: $\sum V = 0$

$$A_v + B + C + D - 3 - 2 \cdot 6,00 = 0$$

$$+1,4 + (-3,9) + 13,5 + 4,0 - 3 - 12 = 0$$

$$+15 - 15 = 0$$

3.6.5 Ergänzende Bemerkungen

In Abschnitt 2.8 haben wir die Stützkräfte geneigter Einfeldträger untersucht; nun wollen wir die Zustandslinien solcher Systeme bestimmen. Als Beispiel wählen wir eine unter dem Winkel $\alpha = 30°$ gegen die Horizontale geneigte Treppenlaufplatte von $l = 6,0$ m Länge, belastet durch eine Verkehrslast von $q = 0,35$ kN/m (Bild 156). Bevor mit der Berechnung der Schnittgrößen begonnen wird, muss entschieden werden, welches Bezugssystem gewählt wird: Entweder eine horizontal verlaufende x-Achse oder eine geneigt (entlang der Stabachse) verlaufende x-Achse. Da die Belastung hier bezogen wurde auf einen Meter horizontaler Länge (siehe Abschnitt 2.8), wählen wir die horizontal verlaufende x-Achse wegen der einfacheren Rechnung. Wir führen hier nun einen Schnitt im (horizontalen) Abstand x von Auflager a und bringen die Schnittgrößen in den Schnittflächen an. Definitionsgemäß wirkt V(x) senkrecht zur Stabachse und N(x) in Richtung der Stabachse.

Eine Gleichgewichtsbetrachtung des linken Teilsystems liefert

$$\sum M_m = 0: \quad A_v \cdot x - \frac{q}{2} \cdot x^2 - M(x) = 0;$$

$$M(x) = A_v \cdot x - \frac{q}{2} \cdot x^2 = 1,05 \cdot x - 0,175 \cdot x^2;$$

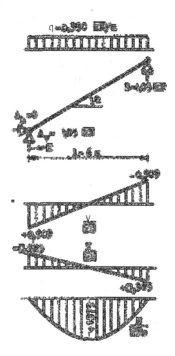

Bild 156
Geneigter Einfeldträger

für die Bestimmung von V(x) und N(x) zerlegt man zweckmäßig alle äußeren Lasten in Richtung von V und N. Eine Gleichgewichtsbetrachtung liefert

$$\sum K_V = 0: \quad V(x) + q \cdot x \cdot \cos \alpha - A_v \cdot \cos \alpha = 0;$$

$$V(x) = A_v \cdot \cos \alpha - q \cdot x \cdot \cos \alpha = 0{,}909 - 0{,}303 \cdot x.$$

$$\sum K_N = 0: \quad N(x) + A_v \cdot \sin \alpha - q \cdot x \cdot \sin \alpha = 0;$$

$$N(x) = -A_v \cdot \sin \alpha + q \cdot x \cdot \sin \alpha = -0{,}525 + 0{,}175 \cdot x.$$

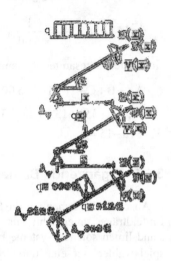

Nachdem so die Funktionen der Schnittgrößen bestimmt sind, sollen die Zustandslinien dargestellt werden. Hier müssen wir uns erneut entscheiden: Tragen wir die Schnittgrößen an eine horizontale Bezugslinie oder an eine geneigte Bezugslinie?

Für den Fall, dass die geneigte Bezugslinie gewählt wird, muss abermals entschieden werden: Tragen wir die Ordinaten vertikal an oder senkrecht zur geneigten Bezugslinie? Die drei Darstellungsarten sind völlig gleichwertig; alle sind hier gezeigt (Bild 156 und 157).

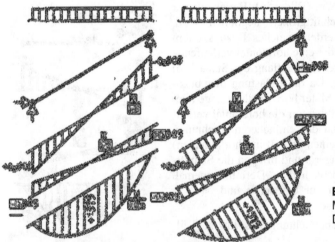

Bild 157
Möglichkeiten der
Darstellung

Bisher haben wir Tragwerke untersucht, deren Stabachsen entweder gerade waren oder sich aus geraden Abschnitten zusammensetzten. Wir werden im weiteren Verlauf unserer Betrachtungen sehen, dass neben solchen Tragwerken auch Tragwerke mit gekrümmten Stabachsen gebaut werden und deshalb untersucht werden müssen.[64] Als Beispiel betrachten wir den in Bild 158 dargestellten Einfeldträger und berechnen die Schnittgrößen an der Stelle x. Dazu brauchen wir zunächst den Neigungswinkel φ. Da die Funktion der Stabachse selbstverständlich als gegeben vorausgesetzt werden kann, ergibt sich der Tangens dieses Winkels in der Form

$\tan \varphi = \frac{d\overline{z}}{dx} = \overline{z}'(x)$. Nun ist als einzige unabhängige Variable x vorhanden und die Schnittgrößen können in Abhängigkeit von x angegeben werden. Wie man sofort sieht, ergeben sie sich in der gleichen Form wie oben:

$$M(x) = A_v \cdot x - \frac{q}{2} \cdot x^2$$

$$V(x) = (A_v - q \cdot x) \cdot \cos \varphi$$

$$N(x) = (-A_v + q \cdot x) \cdot \sin \varphi$$

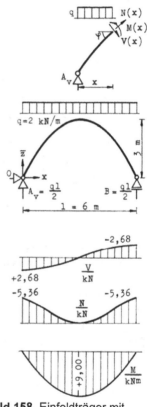

Bild 158 Einfeldträger mit gekrümmter Stabachse

Zur Auswertung dieser Ausdrücke muss nun der Winkel φ = f(x) bekannt sein. Nehmen wir an, die Stabachse sei parabelförmig gekrümmt und folge der Funktion

$$\overline{z}(x) = 2 \cdot x - \frac{1}{3} \cdot x^2 \quad {}^{65}$$

Dann ist $\overline{z}'(x) = 2 - \frac{2}{3} \cdot x$, womit sich die Werte für V und N unschwer in einer Tabelle ermitteln lassen (Tafel 13).

Ein Blick auf die nebenstehend dargestellten Zustandslinien zeigt, dass die für den geraden Stab früher hergeleiteten Differentialbeziehungen hier ungültig sein müssen. Wir wollen deshalb nun die entsprechenden Beziehungen für den gekrümmten Stab herleiten. Dazu schneiden wir ein kleines Element aus dem Stab heraus, dessen Länge wir mit ds angeben. Hierzu müssen wir ein Bezugssystem einführen, dessen s-Achse entlang der Stabachse verläuft. Wir stellen jetzt eine Gleichgewichtsbetrachtung des Elementes an, und zwar sichern wir Gleichgewicht dadurch, dass wir fordern (Bild 158a)

---

[64] Dabei denken wir vor allem an Dreigelenkbogen.

[65] Das x-$\overline{z}$-System dient nur zur Beschreibung der Form der Stabachse. Es ist nicht zu verwechseln mit dem s-z-System, das weiter unten eingeführt wird.

1. Es verschwinde die Summe aller Kräfte in Richtung der Lastkomponente $q_\perp ds$.
2. Es verschwinde die Summe aller Kräfte in Richtung der Lastkomponente $q_\parallel ds$.
3. Es verschwinde die Summe aller Momente in Bezug auf Punkt a.

Tafel 13 Einfeldträger mit Parabelform

①	②	③	④	⑤	⑥	⑦	⑧	⑨	⑩	⑪
x	tan φ	φ	cos φ	sin φ	qx	$\dfrac{A_{-,v}}{qx}$	V(x)	$\dfrac{-A_v}{+qx}$	N(x)	M(x)
m		in ..°			kN	kN	④·⑦	kN	⑤·⑨	
0	2	63,43	+ 0,447	+ 0,894	0	+ 6	+ 2,68	− 6	− 5,36	
1	4/3	53,13	+ 0,600	+ 0,800	2	+ 4	+ 2,40	− 4	− 3,20	Da M(x) pa-
2	2/3	33,69	+ 0,832	+ 0,555	4	+ 2	+ 1,66	− 2	− 1,11	rabolisch ver-
3	0	0	+ 1,000	0,000	6	0	0	0	0	läuft, wurde auf Angabe
4	− 2/3	− 33,69	+ 0,832	− 0,555	8	− 2	− 1,66	+ 2	− 1,11	der Ordinaten
5	− 4/3	− 53,13	+ 0,600	− 0,800	10	− 4	− 2,40	+ 4	− 3,20	verzichtet.
6	− 2	− 63,43	+ 0,447	− 0,894	12	− 6	− 2,68	+ 6	− 5,36	

Was nun die beiden ersten Gleichungen anbetrifft, so können wir entweder – wie das normalerweise gemacht wird – die Beiträge aller Kräfte einzeln anschreiben oder die Beiträge einzelner Kraftgruppen schon vorher ermitteln. Wir zeigen hier das letztere; der Leser möge die damit gewonnenen Ergebnisse auf dem zuerst genannten Weg überprüfen. Ist der Winkel dφ klein, dann werden auch dN und dV klein sein im Vergleich zu N bzw. V. Dann liefern die Kräfte N und N+dN näherungsweise den Beitrag N·dφ zur ersten Summe und die Kräfte V und V+dV näherungsweise den Beitrag V·dφ zur zweiten Summe.

1. $\sum K_r = 0:\quad q_\perp \cdot ds - V \cdot \cos\dfrac{d\varphi}{2} + (V + dV) \cdot \cos\dfrac{d\varphi}{2} + N \cdot d\varphi = 0$

Da dφ ein sehr kleiner Winkel ist, kann mit $\cos\dfrac{d\varphi}{2} = 1$ gerechnet werden:

$q_\perp \cdot ds - V + (V + dV) + N \cdot d\varphi = 0$

$q_\perp \cdot ds + dV + N \cdot d\varphi = 0$

$q_\perp \cdot ds + dV + N \cdot \dfrac{ds}{r} = 0 \rightarrow \dfrac{dV}{ds} + \dfrac{N}{r} + q_\perp = 0$

2. $\sum K_t = 0$:

$q_{\parallel} \cdot ds +$

$+N \cdot \cos\dfrac{d\varphi}{2} - (N + dN) \cdot \cos\dfrac{d\varphi}{2} + V \cdot d\varphi = 0$

$q_{\parallel} \cdot ds + N - (N + dN) + V \cdot d\varphi = 0$

$q_{\parallel} \cdot ds - dN + V \cdot \dfrac{ds}{r} = 0 \;\rightarrow\; -\dfrac{dN}{ds} + \dfrac{V}{r} + q_{\parallel} = 0$

3. [66] $\sum M_a = 0$:

$+ M - (M + dM) + V \cdot \dfrac{ds}{2} + (V + dV) \cdot \dfrac{ds}{2} = 0$

$- dM + V \cdot ds = 0 \;\rightarrow\; -\dfrac{dM}{ds} + V = 0$

Damit sind die Differentialbeziehungen des gekrümmten Stabes, gefunden:

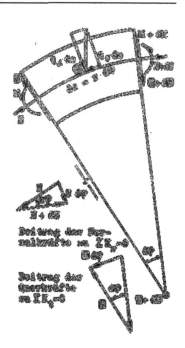

Bild 158a Stabelement

$\dfrac{dN}{ds} = q_{\parallel} + \dfrac{V}{r}$ [67]	$\dfrac{dV}{ds} = -q_{\perp} - \dfrac{N}{r}$	$\dfrac{dM}{ds} = +V$

Ein Vergleich mit den in Abschnitt 3.5 ermittelten Beziehungen zeigt neben den neu hinzugekommenen Gliedern die Notwendigkeit bei gekrümmter Stabachse nach der Stabachskoordinate s zu differenzieren bzw. zu integrieren.

3.6.6 Dreigelenk – Konstruktionen

Als nächstes zeigen wir die Zustandslinien-Bestimmung für Dreigelenk-Konstruktionen und beginnen mit einer Untersuchung des symmetrischen Dreigelenk-Rah-

---

[66] Beim Anschreiben dieser Gleichung machen wir schon Gebrauch von der Tatsache, dass $d\varphi$ sehr klein ist und dementsprechend die Momentenbeiträge etlicher Kräfte vernachlässigt werden können.

[67] $q_{\parallel}$wurde hier positiv angesetzt in Richtung fallender s. Daher ist das Vorzeichen von $q_{\parallel}$ hier positiv, während es in 3.5 sich negativ ergab. Dort wirkte q_x in Richtung steigender x.

mens mit senkrechten Stielen. In Bild 159 dargestellt sind die Zustandslinien eines solchen Rahmens infolge einer vertikalen Einzellast in Feldmitte und einer horizontalen Einzellast in Riegel-Höhe. Nachdem die Stützkräfte bestimmt und damit alle von außen auf das Tragwerk wirkenden Kräfte bekannt sind, führt man Schnitte vor und hinter jedem Lastangriffspunkt und Knickpunkt und bestimmt durch eine Gleichgewichtsbetrachtung eines Teilsystems die entsprechenden Schnittgrößen. Zum Verfahren selbst ist nichts zu sagen, wir kommentieren und diskutieren deshalb den Verlauf der Schnittgrößen. Man erkennt deutlich, dass bei dem vorliegenden symmetrischen Tragwerk eine symmetrische Belastung eine symmetrische Biegemomenten-Linie, eine symmetrische Normalkraft-Linie und eine antimetrische Querkraft-Linie erzeugt, während eine antimetrische Belastung eine antimetrische Biegemomenten-Linie, eine symmetrische Querkraft-Linie und eine antimetrische Normalkraft-Linie erzeugt. Letzteres zeigt sich im vorliegenden Fall erst, wenn man die Horizontallast wie in Bild 160 gezeigt in die Feldmitte verschiebt und dadurch einen (echt-) antimetrischen Belastungszustand erzeugt.

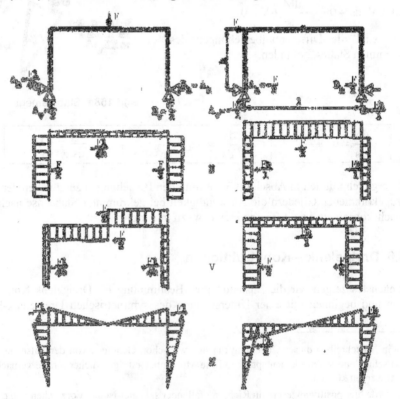

Bild 159 Belastung eines symmetrischen Dreigelenkrahmens

Man erkennt auch, dass in den unbelasteten recht-winkligen Ecken Querkraft und Normalkraft unter-einander betragsmäßig ihre Werte austauschen. Wir werden ganz allgemein die Erfahrung machen, dass in einer beliebig geknickten Ecke Querkraft- und Normalkraft-Verlauf einen Sprung aufweisen, ohne dass äußere Lasten vorhanden sind. Die untenste-hend angedeutete Gleichgewichtsbetrachtung liefert die Erklärung hierfür.

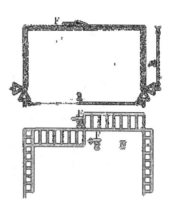

$$N_{ir} = V_{il}$$

$$V_{ir} = -N_{il}$$

$$N_{ir} = -N_{il} \cdot \cos(\alpha - \beta) - V_{il} \cdot \sin(\alpha - \beta)$$

$$V_{ir} = -V_{il} \cdot \cos(\alpha - \beta) + N_{il} \cdot \sin(\alpha - \beta)$$

Bild 160 Antimetrische H-Belastung

Für andere Belastungen lassen sich nun die Zustandslinien ebenso ermitteln wie oben an-gedeutet. Es ist jedoch nicht uninteressant, dass man durch Anwendung des Gedanken – Modells „indirekte Belastung" jeden Lastfall auf einen der beiden oben gezeigten Fälle (o-der beide) zurückführen kann[68]. Wir zeigen dies an zwei kleinen Beispielen (Bild 161) und

machen dabei von der Tatsache Gebrauch, dass eine vertikale Einzelkraft wirkend in einer Rahmenecke direkt in das darunter liegende Auflager „fließt" und dabei nur eine Druckkraft im zugehörigen Stiel erzeugt. Wir wollen uns merken, dass für jede beliebige Vertikal-Belastung die Eck-Momente (einander) stets gleich sind und für jede beliebige Horizontal-Belastung die Eckmomente immer entgegengesetzt gleich sind.

Wir untersuchen als nächstes den in Bild 162 dargestellten unsymmetrischen Drei-gelenk – Rahmen und bestimmen vorab für die gegebene Vertikal-Belastung die Stützkräfte. Dabei geben wir sowohl die V/H – Komponenten als auch die 0/1 – Komponenten an.

Der Leser wird unmittelbar erkennen, dass die Zustandslinien sich bei Verwendung der V/H – Komponenten eleganter konstruieren lassen als bei Verwendung der 0/1 – Komponenten.

---

[68] Man könnte den Lastfall „F_h in der rechten Rahmenecke" hinzunehmen.

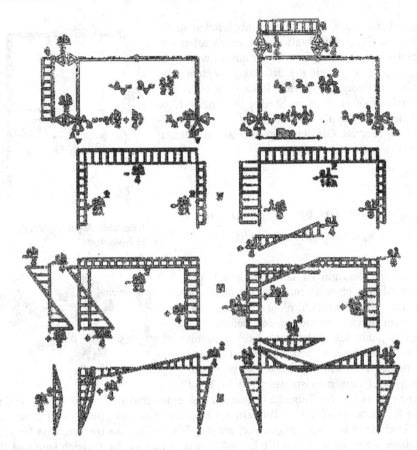

Bild 161 Zwei Dreigelenk-Rahmen

Das wird bei Tragwerken, die aus geraden Stäben aufgebaut sind, immer so sein.

Wir ändern nun das System dahingehend, dass wir den Rahmenschub nicht mehr an die Widerlager abgeben, sondern durch ein Zugband aufnehmen (Bild 163). Dann verhält sich das Tragwerk als Ganzes wie ein Einfeldbalken. Dementsprechend ergeben sich die Stützkräfte A_0 und B_0 (A_h verschwindet wegen des Fehlens äußerer Horizontallasten).

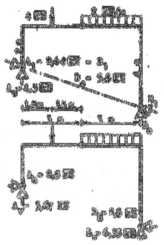

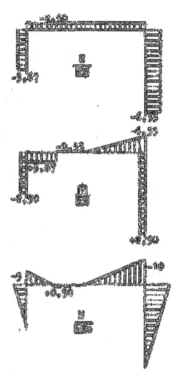

Bild 162
Dreigelenkrahmen

Die Schnittgrößenberechnung beginnen wir mit der Bestimmung der Kraft im Zugband. Dazu zerlegen wir das Tragwerk in der angegebenen Weise und stellen für den linken (oder rechten) Teil eine Gleichgewichtsbetrachtung an:

$$\sum M_{gl} = 0: \quad A_0 \cdot a - 4 \cdot q - Z \cdot f \cdot \cos \alpha = 0$$

$$Z = \frac{A_0 \cdot a - 4 \cdot q}{f \cdot \cos \alpha} .$$

Die Horizontal-Komponente H dieser Kraft lässt sich, ebenso einfach bestimmen:[69]

$$\sum M_{gl} = 0: \quad A_0 \cdot a - 4 \cdot q - H \cdot f = 0$$

$$H = \frac{A_0 \cdot a - 4 \cdot q}{f} .$$

---

[69] Natürlich kann man diese Komponente auch aus Z errechnen: $H = Z \cdot \cos\alpha$.

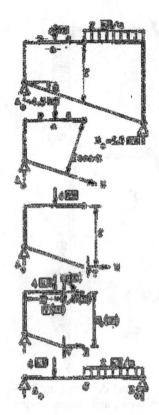

Bild 163 Dreigelenkrahmen
mit Zugband

Bild 164 Bogenform mit
den z_0-Werten

Mit dieser H-Komponente ergibt sich das Biegemoment an einer Stelle x ($p \le x \le a$) aus der Gleichgewichtsbedingung

$$\sum M = 0: A_0 \cdot x - 4 \cdot (x - p) - H \cdot z_0(x) - M(x) = 0$$

in der Form

$$M(x) = A_0 \cdot x - 4 \cdot (x - p) - H \cdot z_0(x).$$

Entsprechend ergeben sich die Normalkraft und die Querkraft an der Stelle x.

Wie wir wissen, lässt sich dann, wenn nur senkrechte Lasten vorhanden sind, die Untersuchung einer Dreigelenk-Konstruktion zurückführen auf die Untersuchung eines Einfeldbalkens. Mit

$$A_0 \cdot a - 4 \cdot q = M_{g0} \quad \text{und} \quad A_0 \cdot x - 4 \cdot (x - p) = M_0(x)$$

erhält man dann

$$Z = M_{g0}/(f \cdot \cos \alpha), \quad H = M_{g0}/f, \quad M(x) = M_0(x) - H \cdot z_0.$$

Eine Arbeitserleichterung bringt das „Umsteigen" auf den Einfeldbalken nicht. In Abschnitt 2.9 haben wir den Begriff der Stützlinie eingeführt und gesagt, das Tragverhalten einer Dreigelenk-Konstruktion sei besonders günstig, wenn sich dessen Stabachse dem Verlauf der Stützlinie anpasse.

Wir können jetzt konkreter sagen: Hat ein Dreigelenk-Tragwerk die Form der Stützlinie des Systems, so treten nirgends im Tragwerk Biegemomente auf. Dementsprechend verschwinden überall auch die Querkräfte. Die Lasten werden dann nur durch die Normalkräfte abgetragen.

Mit Hilfe der Beziehung

$$M(x) = M_0(x) - H \cdot z_0 = M_0(x) - \frac{M_{g0}}{f} \cdot z_0(x)$$

können wir nun leicht die Form der Stützlinie für etliche Streckenlasten analytisch angeben:

$$0 = M_0(x) - \frac{M_{g0}}{f} \cdot z_0(x) \rightarrow z_0(x) = \frac{f}{M_{g0}} \cdot M_0(x)$$

Für eine Gleichlast etwa ergibt sich, wenn wir das Scheitelgelenk mittig anordnen,

mit $M_{g0} = q \cdot l^2/8$ und $M_0(x) = \dfrac{q \cdot x}{2} \cdot (l - x)$ die Gleichung

$$z_0(x) = \frac{f}{q \cdot l^2/8} \cdot \frac{q \cdot x}{2} \cdot (l - x) = \frac{4 \cdot f}{l^2} \cdot x \cdot (l - x).$$

Nach Festlegung von l und f werden für verschiedene x-Werte die zugehörigen z-Werte bestimmt und von der Verbindungslinie der Auflager[70] abgetragen. Diese Verbindungslinie kann dabei horizontal liegen oder geneigt sein. Wir zeigen hier ein kleines Beispiel für l = 60 m, f = 15 m und Δh = 15 m (Bild 164).

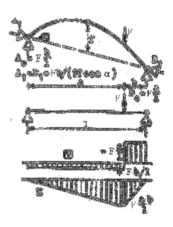

Wird dieses so geformte Tragwerk nun durch eine anders geartete Last beansprucht, etwa durch eine Teilstreckenlast oder Einzellast, so rufen diese Lasten selbstverständlich neben Normalkräften auch Biegemomente und Querkräfte im Tragwerk hervor.

Wir zeigen deren Ermittlung an dem folgenden Beispiel (Bild 165):

Nachdem die 0/1-Komponenten der Stützkräfte bestimmt sind, führen wir einen Schnitt im (horizontal gemessenen) Abstand x von Auflager a und

Bild 165 Schnittgrößen des Ersatzbalkens

bringen wie üblich die Schnittgrößen an in den Schwerpunkten der Schnittflächen. Dann folgt eine Gleichgewichtsbetrachtung des linken oder rechten Teil-Tragwerkes.

$\sum N = 0$: $N(x) + H \cdot \cos\varphi + A_0 \cdot \sin\varphi - H \cdot \tan\alpha \cdot \sin\varphi = 0$

$N(x) = -A_0 \cdot \sin\varphi + H \cdot \tan\alpha \cdot \sin\varphi - H \cdot \cos\varphi$

$N(x) = -\left[V_0 + H \cdot (\cot\varphi - \tan\alpha)\right] \cdot \sin\varphi$

$(A_0 = V_0)$. Ein nach unten gerichteter Winkel α ist positiv, ein nach oben gerichteter negativ einzuführen.

$\sum V = 0$: $V(x) + H \cdot \tan\alpha \cdot \cos\varphi - A_0 \cdot \cos\varphi + H \cdot \sin\varphi = 0$

$V(x) = A_0 \cdot \cos\varphi - H \cdot \tan\alpha \cdot \cos\varphi - H \cdot \sin\varphi$

---

[70] Diese Linie wird Kämpferlinie genannt.

$$V(x) = \left[V_0 - H \cdot (\tan\alpha + \tan\varphi) \right] \cdot \cos\varphi$$

Wir hatten früher schon ermittelt: $M(x) = M_0(x) - H \cdot z_0(x)$.

Für $\alpha = 0$ ergibt sich

$$N(x) = -V_0 \cdot \sin\varphi - H \cdot \cos\varphi, \qquad V(x) = V_0 \cdot \cos\varphi - H \cdot \sin\varphi,$$

$$M(x) = M_0(x) - H \cdot z_0(x).$$

Wir zeigen jetzt ein Zahlenbeispiel:

$l = 60$ m, $\ f = 15$ m, $\ a = 48$ m, $F = 10$ kN, $\ \Delta h = 15$ m, $\ \alpha = 14{,}04°$.

Die Stützkraft-Komponenten ergeben sich zu

$$A_0 = 2{,}0 \text{ kN}, \qquad B_0 = 8{,}0 \text{ kN}, \ A_1 = B_1 = \frac{2{,}0 \cdot 30}{15 \cdot \cos 14{,}04°} = 4{,}12 \text{ kN}.$$

Das liefert den Horizontalschub $H = A_1 \cdot \cos 14{,}04° = 4{,}00$ kN. Die Schnittgrößen sollen in Abständen von $\Delta x = 10$ m bestimmt werden. Was brauchen wir zu ihrer Bestimmung? Zunächst die Werte V_0 und M_0. Wir stellen deshalb die Zustandslinien des Ersatzträgers dar und geben die zugehörigen analytischen Ausdrücke an in kN und m:

$$V_0 = +2{,}0; \quad M_0 = 2 \cdot x; \qquad\qquad (0 \leqq x \leqq 48)$$

$$V_0 = -8{,}0; \quad M_0 = 8 \cdot (60 - x); \qquad (48 \leqq x \leqq 60)$$

Weiter werden gebraucht die Werte des Winkels φ in den einzelnen Punkten. Die Steigung der Bogenachse gewinnen wir aus der Gleichung der Bogenachse in einem rechtwinkligen Koordinatensystem

$$z_0(x) = z(x) + x \cdot \tan\alpha = \frac{4 \cdot 15}{60^2} \cdot x \cdot (60 - x) = 1{,}00 \cdot x - \frac{x^2}{60};$$

$$z(x) = z_0(x) - x \cdot \tan\alpha = 1{,}00 \cdot x - \frac{x^2}{60} - x \cdot \frac{15}{60} = 0{,}75 \cdot x - \frac{x^2}{60};$$

$$z'(x) = \tan\varphi = 0{,}75 - \frac{x}{30}.$$

Einsetzen der oben errechneten Zahlenwerte in die allgemeinen Funktionsgleichungen der Schnittgrößen liefert:

Bereich I $(0 \leqq x \leqq 48)$:

$$V_I(x) = \left[+2{,}0 - 4{,}0 \cdot (0{,}25 + \tan\varphi) \right] \cdot \cos\varphi = 1{,}0 \cdot \cos\varphi - 4{,}0 \cdot \sin\varphi$$

$$N_I(x) = -\left[2,0+4,0\left(\cot\varphi-0,25\right)\right]\sin\varphi = -1,0\cdot\sin\varphi - 4,0\cdot\cos\varphi$$

$$M_I(x) = 2,0\cdot x - 4,0\cdot(1,00\cdot x - \frac{x^2}{60}) = -2,0\cdot x + \frac{x^2}{15}.$$

Bereich II ($48 \leqq x \leqq 60$):

$$V_{II}(x) = \left[-8,0-4,0\cdot\left(0,25+\tan\varphi\right)\right]\cdot\cos\varphi = -9,0\cdot\cos\varphi - 4,0\cdot\sin\varphi.$$

$$N_{II}(x) = -\left[-8,0+4,0\left(\cot\varphi-0,25\right)\right]\cdot\sin\varphi = +9,0\cdot\sin\varphi - 4,0\cdot\cos\varphi.$$

$$M_{II}(x) = 8,0\cdot(60-x) - 4,0\cdot(1,00\cdot x - \frac{x^2}{60}) = 480 - 12\cdot x + \frac{x^2}{15}.$$

Die Auswertung dieser Formeln geschieht zweckmäßig in einer Tabelle oder mit einem Tabellenkalkulationsprogramm (z. B. Excel). Eine Möglichkeit einer Tabellenberechnung ist in Tafel 14 dargestellt. Selbstverständlich kann ebenso wie bei einem geraden Stab auch bei einem gekrümmten Träger die Querkraftfunktion aus der Biegemomentenfunktion gewonnen werden durch Ableitung nach der (Stab-) Achskoordinate s: $V = \dfrac{dM}{ds}$. Während s beim geraden Stab mit x zusammenfällt, ist

dies beim gekrümmten Träger nicht so: $ds = \dfrac{dx}{\cos\varphi}$. Wir erhalten somit

$$V = \frac{dM}{dx}\cdot\cos\varphi = \left[\frac{dM_0(x)}{dx} - H\cdot\frac{dz_0(x)}{dx}\right]\cdot\cos\varphi$$

$$V(x) = \left[V_0(x) - H\cdot\frac{dz_0}{dx}\right]\cdot\cos\varphi$$

Mit $z_0(x) = x - \dfrac{x^2}{60}$ und $\dfrac{dz_0(x)}{dx} = 1 - \dfrac{x}{30}$ x liefert das (H = 4,0 kN)

$$V(x) = \left[V_0 - 4,0 + \frac{2}{15}\cdot x\right]\cdot\cos\varphi.$$

Auswertung erfolgt in den Spalten 20 bis 22 der Tafel 14.

Durch Auftragen der tabellarisch ermittelten Werte für N, V und M über der (horizontal liegenden) x-Achse ergeben sich die Zustandslinien des Systems (Bild 166). Wegen der Beziehung

$$V = \frac{dM}{dx}\cdot\cos\varphi \quad\text{oder}\quad \frac{V}{\cos\varphi} = \frac{dM}{dx}$$

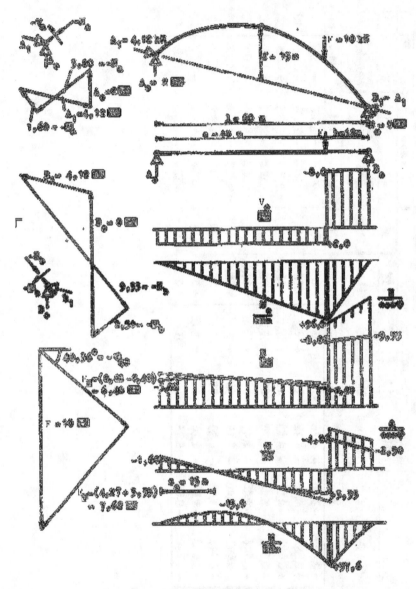

Bild 166 Zustandslinien eines Dreigelenkbogens

gehört zu der parabelförmigen M-Linie eine gerade $\dfrac{V}{\cos \varphi}$ -Linie, deren Werte wir Spalte 6 der o.a. Tabelle entnehmen. Entsprechend ergibt sich auch die geradlinige $\dfrac{N}{\cos \varphi}$ - Linie.[71]

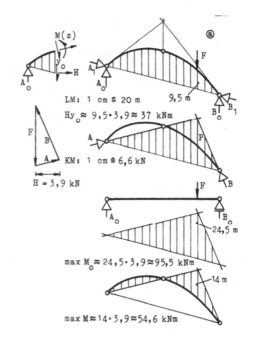

Es interessiert jetzt noch Ort und Größe des Biegemomenten-Minimums im linken Tragwerksteil. Den Ort des Biegemomenten-Minimums finden wir wie immer als Querkraft-Nullstelle:

$$V_I(x) = 1,0 \cdot \cos \varphi - 4,0 \cdot \sin \varphi$$

$$0 = 1,0 \cdot \cos \varphi_0 - 4,0 \cdot \sin \varphi_0$$

$$\tan \varphi_0 = 0,25$$

Wir setzen diesen Wert in die weiter oben ermittelte Beziehung z'(x) ein und erhalten

Bild 167 Graphische Ermittlung der Biegemomentenlinie

$$0,25 = 0,75 - \dfrac{x_0}{30} \text{ und also}$$

$$x_0 = 0,50 \cdot 30 = 15 \text{ m.}$$

Wir hätten diesen Wert auch gefunden mit der Bestimmungsgleichung

$$M'(x_0) = 0 = 2,0 - 4,0 \cdot \left(1 - \dfrac{x_0}{30}\right) \cdot \cos \varphi_0 \quad \text{und} \quad \cos \varphi_0 = \cos 0 = 1,0$$

Das Biegemomenten-Minimum ergibt sich damit zu

$$\min M = M_I(15m) = -15,0 \text{ kNm.}$$

Wir zeigen abschließend die graphische Bestimmung der Biegemomentenlinie. Sie ergibt sich, wie wir sehen werden, als Stützlinie bei der graphischen Stützkraft – Bestimmung. Die Stützlinie liefert, wie Bild 167 zeigt, mit der Bezugslinie a – b die

---

[71] Natürlich steht es uns frei, die Schnittgrößen über der Bogenlinie anzutragen. Dabei überlagert sich freilich der Kurvenform die Form der Bezugslinie, sodass die o.a. Zusammenhänge nicht sofort erkennbar sind. Diesem Nachteil stehen jedoch auch Vorteile gegenüber, wie sich bei der graphischen Ermittlung der Biegemomentenlinie zeigen wird.

M_0-Linie des Ersatzbalkens. Dabei ergeben sich die Biegemomentenwerte in den einzelnen Punkten zahlenmäßig – wie wir wissen – als parallel zu den Lasten liegende Ordinaten, im Längenmaßstab (LM) des Lageplans gemessen und mit der Polweite H (gemessen im Kräftemaßstab (KM)) multipliziert. Da nun die Polweite H – wie man leicht erkennt – den Horizontalschub des Bogens darstellt, liefern die in Bild a gezeigten Ordinaten z_0 (gemessen im LM des Lageplans) multipliziert mit der im KM gemessenen Polweite H (= Horizontalschub H) die Biegemomente H $\cdot z_0$ infolge des Bogenschubes.

3.7 Fachwerke

3.7.1 Allgemeines

Die verschiedenen Tragwerke, die wir bisher kennengelernt haben, hatten eine Eigenschaft gemeinsam: Sie bestanden alle aus i. A. biegesteif miteinander verbundenen Stäben. Man nennt sie deshalb „biegesteife Stabwerke" oder einfach „Stabwerke".

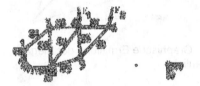

Bild 168 Fachwerk-Kragarm   **Bild 169**

Wir wollen jetzt prüfen, ob gleichartige Tragwerke entstehen können, wenn man einzelne Stäbe nicht biegesteif sondern gelenkig miteinander verbindet. Ein erstes Beispiel solcher Tragwerke haben wir schon kennengelernt: den Stabzweischlag von Abschnitt 2.2. Auf diesen Stabzweischlag aufbauend, wollen wir versuchen, die in Bild 168 gestellte Aufgabe zu lösen.

Ausgehend von den festen Punkten 1 und 2 legen wir durch einen Stabzweischlag (Stäbe S1 und S2) den Punkt 3 fest. Wir verwenden ihn zusammen mit Punkt 2 als Ausgangspunkt eines zweiten Stabzweischlages (S3 und S4) und fixieren damit Punkt 4. Dieser Punkt wird ebenso wie Punkt 2 Ausgangspunkt eines dritten Stabzweischlages (S5 und S6) der (Knoten-) Punkt 5 liefert. Auf die Punkte 4 und 5 setzen wir schließlich den letzten Stabzweischlag und erhalten (Knoten-) Punkt 6. Eine solche Konstruktion nennen wir im Gegensatz zu den vorher untersuchten Stabwerken ein Fachwerk. Von der Anordnung der Lager im Vergleich zu den angreifenden Kräften her gesehen, ist das soeben aufgebaute Fachwerk ein Kragarm. Dieser Kragarm hat ein festes und ein verschiebliches Auflager, vergleichbar dem in Bild

Bild 170 Fachwerk-Kragarm

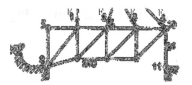

Bild 171 Einfeldträger

169 skizzierten Stabwerk. Nehmen wir an, es käme zu den Lasten F_1 und F_2 die beiden Lasten F_3 und F_4 hinzu (Bild 170). Wir könnten sie durch eine Erweiterung des bestehenden Fachwerks ohne weiteres mit erfassen, und hätten dann immer noch einen Kragarm. Da dieser Kragarm schon recht weit auskragt, wäre es sinnvoll, ihn durch Versetzen eines Stabes – etwa S1 – in einen Einfeldträger zu verwandeln (Bild

Bild 172 Dreigelenk-Konstruktion

171). Dieser Einfeldträger hat sein festes Auflager in Punkt 2 und sein verschiebliches Auflager in Punkt 10 (Pendelstütze S1). Durch Versetzen eines weiteren Stabes könnte man aus diesem Einfeldträger eine Dreigelenk – Konstruktion machen (Bild 172). Sie hätte die drei Gelenkpunkte 2, 6 und 11. Wir erkennen, dass der Aufbau aller hier gezeigten Tragwerke gleich ist: Es sind Fachwerke, deren Fächer dreieckig sind. Diese Dreiecksform ist Bedingung für die Unverschieblichkeit des Systems, man sagt auch manchmal: für dessen Stabilität. Der Leser möge versuchen, aus dem oben gezeigten Kragarm einen Einfeldträger zu machen durch Versetzen des Stabes S2 oder S8 oder eines ähnlich angeordneten Stabes. Er wird feststellen, dass das dabei entstehende Tragwerk verschieblich ist, weil in ihm ein Gelenk-Viereck vorhanden ist. Gleiches ergibt sich, wenn man versucht, aus dem Einfeldträger eine Dreigelenk-Konstruktion zu machen durch Versetzen des Stabes S8 oder S9 oder eines ähnlich angeordneten Stabes.

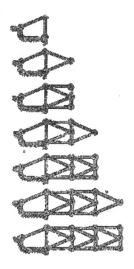

Bild 173 Aufbau eines K-Fachwerks

Natürlich gibt es noch andere Möglichkeiten, ein Fachwerk aus Dreiecken aufzubauen. Wir zeigen in Bild 166 dafür ein Beispiel. Auch hier das Prinzip: Zwei neu hinzugefügte Stäbe liefern einen neu hinzukommenden Knoten.

Was nun die Stützkraft von Fachwerkträgern anbetrifft, so erfolgt deren Berechnung in der gleichen Weise wie bei Stabwerken. Wir haben hier deshalb nur die Bestimmung der Schnittgrößen zu zeigen.

3.7.2 Der Stabzweischlag

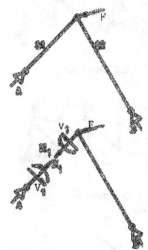

Bild 174
Der Stabzweischlag

Bild 175 Zur rechnerischen Lösung

Bild 176 Zeichnerische Lösung

Zunächst die Schnittgrößen eines Stabzweischlages (siehe auch Abschnitt 2.2). Um die Schnittgrößen etwa in Stab S1 zu finden, führen wir den in Bild 174 dargestellten Schnitt und bringen in den Schnittflächen die bekannten Schnittgrößen an.

Eine Gleichgewichtsbetrachtung des linken Teilsystems liefert das Gleichungssystem:

$$\sum K_V = 0: V_1 = 0;$$

$$\sum M_a = 0: M_1 = 0;$$

$$\sum K_N = 0: N_1 + A = 0.$$

Es hat die Lösung: $M_1 = V_1 = 0; N_1 = -A.$

Ein entsprechender Schnitt durch S2 liefert $V_2 = M_2 = 0$ und $N_2 = -B$. Wir können dies Ergebnis verallgemeinern und stellen fest:

Wirken bei einem Fachwerkträger alle äußeren Kräfte in Knotenpunkten, sodass alle Stäbe frei sind von äußeren Lasten, so treten in diesen Stäben keine Querkräfte und Biegemomente, sondern nur Normalkräfte auf. Diese Normalkräfte nennt man Stabkräfte.

Bei Berücksichtigung dieser Tatsache können wir die Stabkräfte S1 und S2[72] auch durch eine Gleichgewichtsbetrachtung des durch einen Rundschnitt freigelegten Knotens c ermitteln (Bild 175).

$$\sum V = 0: S1 \cdot \cos\alpha + S2 \cdot \cos\beta + F \cdot \sin\gamma = 0$$

$$\sum H = 0: S1 \cdot \sin\alpha - S2 \cdot \sin\beta + F \cdot \cos\gamma = 0$$

Lösung:

$$S1 = -F \cdot \frac{\cos(\beta-\gamma)}{\sin(\alpha+\beta)}, \quad S2 = F \cdot \frac{\cos(\alpha+\gamma)}{\sin(\alpha+\beta)}.$$

---

[72] Wir bezeichnen in diesem Fall Stäbe und zugehörige Stabkräfte mit gleichen Symbolen. Dies ist allgemein üblich und wird kaum zu Verwechslungen führen.

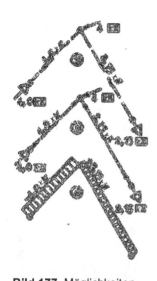

Bild 177 Möglichkeiten der Darstellung

Dieses Rundschnittverfahren ist natürlich nur dann möglich, wenn in dem zu untersuchenden Knoten die Stabkräfte von nicht mehr als zwei Stäben unbekannt sind; es handelt sich dabei nämlich um die Untersuchung eines zentralen Kraftsystems, für das nur 2 Gleichgewichtsbedingungen zur Verfügung stehen: $\sum X = 0$ und $\sum Z = 0$ (x und z sind beliebige, verschiedene Richtungen). Natürlich ist in diesem Fall auch die zeichnerische Bestimmung der Stabkräfte sehr einfach (Bild 176). Gegeben ist die auf den Knoten wirkende Kraft F, gesucht sind 2 Kräfte in Richtung der Stäbe 1 und 2, die den Knoten ins Gleichgewicht bringen. Größe und Richtungssinn der Kräfte S1 und S2 ergeben sich damit aus der Forderung, dass sich das Krafteck F – S2 – S1 (Der Knoten wird im Uhrzeigersinn umlaufen.) oder F – S1 – S2 (der Knoten wird entgegengesetzt dem Uhrzeigersinn umlaufen – hier nicht dargestellt –) schließt. Welches Vorzeichen zu welchem Richtungssinn gehört, ergibt sich aus einem Vergleich der Stabkraft-Richtung im Krafteck mit der Richtung der am untersuchten Knoten positiv angesetzten Stabkraft: Stimmen beide überein, so ist die Stabkraft positiv (= Zugkraft); zeigen sie in entgegengesetzter Richtung, so ist sie negativ (= Druckkraft). Eine einfachere Möglichkeit ergibt sich, wenn man am herausgeschnittenen Knoten zunächst keine Stabkräfte angibt und dann nach Zeichnen des Kraftecks die Richtung der tatsächlich wirkenden Stabkräfte einträgt (Bild 177a). Sie stimmen natürlich mit den im Krafteck gefundenem Stabkraftrichtungen überein. Nach Eintragen der Richtungen der tatsächlich wirkenden Stabkräfte auch an den abliegenden Knoten und Angabe der ermittelten Stabkraft-Beträge (ohne Vorzeichen natürlich) ist das Untersuchungsergebnis eindeutig mitgeteilt.

Von dieser Darstellung abgeleitet wurde eine vereinfachte Darstellung, in der die geführten Schnitte nicht gezeigt werden (Bild 177b). Dadurch geht natürlich die Eindeutigkeit verloren, sodass zusätzlich vereinbart werden muss: Dargestellt ist die Wirkung der Stäbe auf den Knoten.[73]

Damit sind wir bei der Frage der graphischen Darstellung von Schnittkräften (= Stabkräften) bei Fachwerken: Gibt es für Fachwerke eine Darstellung, die den Zustandslinien der Stabwerke entspricht? Die Antwort darauf ist: nein. Es ist zwar denkbar, an jeden Stab eine Normalkraft-Fläche zu zeichnen mit Angabe der jeweiligen Stabkraft (Bild 177c). Da jedoch bei Fachwerken die Stabkräfte grundsätzlich konstant sind über die jeweilige Stablänge, ist dieser Aufwand unnötig und nicht

---

[73] Ein Druckstab drückt auf den Knoten, ein Zugstab zieht am Knoten.

gerechtfertigt. Es haben sich deshalb die beiden folgenden Arten der Dokumentation durchgesetzt:

1. Es werden alle Stabkräfte an die entsprechenden Stäbe des Fachwerks angeschrieben a) mit Vorzeichen und Betrag,
              b) mit Pfeilrichtung und Betrag.

2. Jeder Stab des Fachwerks wird mit einer Nummer bzw. einem Namen versehen;
   unter Bezugnahme auf diese Bezeichnung werden alle Stabkräfte mit Vorzeichen
   und Betrag in einer Tabelle zusammengefasst.

3.7.3 Fachwerkträger

Wir gehen jetzt von der Untersuchung des Stabzweischlages über
zur Untersuchung von Fachwerkträgern. Dabei sind – ebenso wie
bei der Untersuchung von Stabwerken – zwei Aufgabenstellungen möglich:

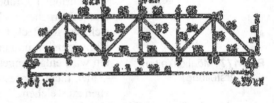

a) Die Stabkräfte sämtlicher   **Bild 178** Fachwerkträger
   Stäbe sind zu bestimmen (das
   entspricht der Ermittlung der
   Zustandslinien beim Stabwerk),

b) die Stabkräfte einiger weniger Stäbe sind zu ermitteln (das entspricht der Bestimmung der Schnittgrößen in wenigen Punkten eines Stabwerkes).

Diesen beiden Aufgabenstellungen entsprechend sind verschiedene Verfahren der
Stabkraftbestimmung entwickelt worden, die wir im Folgenden zeigen wollen am
Beispiel des in Bild 178 dargestellten Einfeldträgers.

3.7.3.1 Rundschnittverfahren und Cremonaplan

Zunächst ein rechnerisches Verfahren, das zur Bestimmung sämtlicher Stabkräfte
eines Fachwerke geeignet ist: das so genannte Rundschnittverfahren. Man legt
Schnitte um alle Knoten und untersuche dann Knoten für Knoten (Bild 179).

Dabei beginnt die Untersuchung dort, wo an einem Knoten nur 2 Stäbe (mit von
Null verschiedenen Stabkräften) vorhanden sind. Von hier aus geht man weiter zu
demjenigen Nachbarknoten, an dem ebenfalls nur 2 Stäbe mit unbekannten Stabkräften angeschlossen sind (mindestens eine Stabkraft wird an diesem Knoten von
der vorhergegangenen Berechnung bekannt sein). Der Leser wird bemerken, dass
dieses Verfahren der rekursiven Berechnung der Schnittgrößen von Stabwerken entspricht.

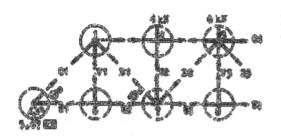

In unserem Fall beginnen wir mit
der Untersuchung in Punkt a:

Bild 179 Zum Rundschnittverfahren

$\sum V = 0 : O1 \cdot \sin 45° + 5,67 = 0$ 　　　　　　 $O1 = -8,01$ kN

$\sum H = 0 : O1 \cdot \cos 45° + U1 = 0$ 　　　　　　 $U1 = +5,67$ kN

Es muss folgen Knoten 6:

$\sum V = 0 : V1 = 0$ 　　　　　　　　　　　 $V1 = 0$

$\sum H = 0 : U1 - U2 = 0$ 　　　 $U2 = U1$ 　 $U2 = +5,67$ kN

Es muss folgen Knoten 1:

$\sum V = 0 : V1 + O1 \cdot \sin 45° + D1 \cdot \sin 45° = 0$ 　 $D1 = -O1$ 　 $D1 = +8,01$ kN

$\sum H = 0 : O2 + D1 \cdot \cos 45° - O1 \cdot \cos 45° = 0;$

$\quad O2 = (O1 - D1) \cdot \cos 45°;$ 　　　　　 $O2 = -11,33$ kN

Es muss folgen Knoten 2:

$\sum V = 0 : V2 + 4,00 = 0$ 　　　　　　 $V2 = -4,00$ kN

$\sum H = 0 : O3 - O2 = 0$ 　　　 $O3 = O2$ 　 $O3 = -11,33$ kN

Es muss folgen Knoten 7:

$\sum V = 0 : D1 \cdot \sin 45° + D2 \cdot \sin 45° + V2 = 0$ 　 $D2 = -2,36$ kN

$\sum H = 0 : U2 + D1 \cdot \cos 45° - D2 \cdot \cos 45° - U3 = 0$ 　 $U3 = +13,00$ kN

Es muss folgen Knoten 8:

$\sum V = 0 : V3 = 0$ 　　　　　　　　　　　 $V3 = 0$

$\sum H = 0 : U4 - U3 = 0$ 　　　　　　 $U4 = +13,00$ kN

Es muss folgen Knoten 3:

$$\sum V = 0 : V3 + D2 \cdot \sin 45° + D3 \cdot \sin 45° + 6{,}00 = 0 \qquad D3 = -6{,}13 \text{ kN}$$

$$\sum H = 0 : O4 - O3 + D3 \cdot \cos 45° - D2 \cdot \cos 45° = 0 \qquad O4 = -8{,}67 \text{ kN}$$

In diesem Sinne kann man fortfahren und alle übrigen Stabkräfte berechnen. Das Verfahren ist anwendbar bei allen (innerlich statisch bestimmten) Fachwerken, wenngleich nicht immer die Rechnung so bequem ist wie im vorliegenden Fall: Häufig ergeben sich in jedem Knoten 2 Gleichungen mit 2 Unbekannten. Die oben beobachtete Entkoppelung des Gleichungssystems ist also ein Sonderfall.

Bevor wir das hierzu gehörende zeichnerische Verfahren, den Cremonaplan vorführen, weisen wir noch hin auf die Tatsache, dass sich oben V1 und V3 zu Null ergeben haben. Dass diese beiden Stäbe (ebenso wie V4 und V5) unbeansprucht bleiben müssen, ist klar, da anders $\sum V = 0$ in den Knoten 6 und 8 (sowie 4 und 10) nicht erfüllt werden kann. Trotzdem dürfen sie nicht fortgelassen werden, da sie zur Lagesicherung der Knoten 6 und 8 (sowie 4 und 10) erforderlich sind.[74] Man nennt solche Stäbe Nullstäbe. In Bild 180 zeigen wir einige „Nullstab-Situationen", wobei die Nullstäbe durch eine eingeschriebene 0 gekennzeichnet sind.

Bild 180 Einige Nullstäbe

Wir zeigen jetzt die graphische Ermittlung der Stabkräfte sämtlicher Stäbe eines Fachwerks (Bild 181), den sogenannten Cremonaplan.[75] Dabei gehen wir analog zur Berechnung vor und zeichnen zunächst für jeden Knoten ein sich schließendes Krafteck.

Das zu Punkt a [76] gehörende Krafteck liefert die Stabkräfte O1 und U1, das zu Punkt 6 gehörende Krafteck liefert die Stabkräfte V1 und U2, das zu Knoten 1 gehörende Krafteck liefert O2 und D1, das zu Knoten 2 gehörende Krafteck liefert O3 und V2, das zu Knoten 7 gehörende Krafteck liefert D2 und U3. In der gleichen Weise können nun von Knoten zu Knoten fortschreitend auch die übrigen Stabkräfte des Fachwerks ermittelt werden. Es fällt auf, dass jede Stabkraft des Fachwerks in zwei Kraftecks auftaucht, wobei natürlich die Kraftrichtung jedes Mal von Krafteck zu

---

[74] Freilich könnte im vorliegenden Fall etwa der Stab V3 fortgelassen werden, wenn gleichzeitig der Knoten 8 entfallen würde und die Gurtstäbe U3 und U4 biegesteif miteinander verbunden würden.

[75] L. Cremona, 1830 – 1903.

[76] Die graphische Untersuchung des vorliegenden Fachwerks kann ebenso wie die analytische Untersuchung nur in einem der beiden Auflagerpunkte begonnen werden. Wird, wie hier, in Punkt a begonnen, so liegt die Reihenfolge der nacheinander zu behandelnden Knoten zwangsläufig fest.

Krafteck wechselt.[77] Nahe liegt deshalb zu prüfen, ob die einzelnen Kraftecke nicht so aneinander gezeichnet werden können, dass jede Stabkraft nur einmal gezeichnet zu werden braucht. Dies ist in der Tat möglich, wenn darauf geachtet wird, dass der Umlaufsinn bei jedem Knoten derselbe ist.[78] Man muss also alle Knoten nacheinander in gleicher Richtung umlaufen und dabei in jedem Knoten die Stabkräfte in der Reihenfolge wie sie angetroffen werden in den Cremonaplan aufnehmen.

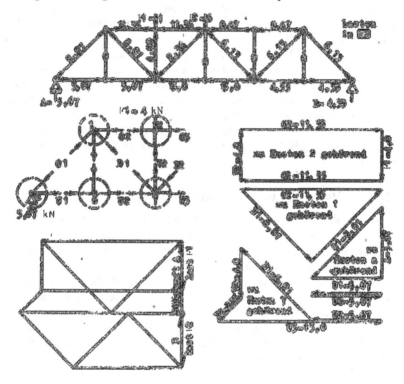

Bild 181 Cremonaplan

Außerdem ist es wichtig, dass in jedem Knoten mit der „richtigen" Stabkraft begonnen wird. „Richtig" ist diejenige Stabkraft, deren Wahl zur Folge hat, dass bei Einhaltung des festgelegten Umlaufsinns die beiden unbekannten Stabkräfte als letzte in

---

[77] Da die Wirkung eines Stabes auf beide Anschlussknoten gleich sein muss, muss auch die Richtung der Stabkraft in Bezug auf beide Anschlussknoten gleich sein. Entweder sie ist auf beide Knoten hingerichtet (Druckkraft) oder sie ist von beiden Knoten fortgerichtet (Zugkraft).

[78] Im hier gezeigten Beispiel wurden alle Knoten im Uhrzeigersinn umlaufen.

das Krafteck aufgenommen werden. Wie stets, so muss auch hier die erzielte Arbeitserleichterung mit einem „Preis" bezahlt werden. Während nämlich bei den getrennt gezeichneten Kraftecks die Richtung der Stabkräfte eingezeichnet werden, konnte (und wurde), so ist dies bei dem Aneinanderzeichnen der Kraftecks im Cremonaplan nicht mehr möglich, da ja – wie oben erwähnt – die Richtung einer und derselben (Stab-) Kraft von einem Krafteck zum nächsten wechselt. Man verzichtet deshalb auf jede Richtungsangabe und trägt während der Konstruktion des Cremonaplans jeweils nach der Behandlung eines Knotens die Richtung der beiden hierbei ermittelten Stabkräfte im Lageplan an dem Knoten ein. Gleichzeitig werden die ermittelten Beträge (ohne Vorzeichen) dieser beiden Stabkräfte im Lageplan an die entsprechenden Stäbe geschrieben. Bevor man im Cremonaplan mit der Behandlung des nächsten Knotens beginnt, gibt man im Lageplan auch in diesem Knoten die Wirkungsrichtung der bereits erfassten Stäbe auf diesen Knoten an. Da die Stabkräfte so bestimmt werden, dass jeder Knoten und somit das ganze System im Gleichgewicht ist, muss sich der Cremonaplan als Krafteck eines im Gleichgewicht befindlichen Kraftsystems schließen. Diese Forderung kann als Kontrolle für seine Richtigkeit benutzt werden.

3.7.3.2 Ritter-Verfahren und Culmann-Verfahren [79]

Als nächstes stellen wir uns die Aufgabe, gezielt einige Stäbe des o. a. Fachwerks bzw. deren Stabkräfte zu berechnen (Bild 182). Zunächst Stab O3. Ein Versuch, nach Herausschneiden eines Knotens (Rundschnitt) die Stabkraft zu bestimmen, scheitert: Für die Bestimmung der drei unbekannten Stabkräfte O2, O3 und V2 stehen nur zwei Gleichgewichtsbedingungen zur Verfügung, da die 4 auf den Knoten 2 wirkenden Kräfte ein zentrales Kraftsystem bilden. Wir legen deshalb einen anderen Schnitt, der die Stäbe O3, D2 und U3 trifft. In diesem Fall treten zwar auch an jedem Teiltragwerk (wir haben nur das linke dargestellt) 3 unbekannte Stabkräfte auf, sie bilden jedoch zusammen mit den äußeren Kräften ein allgemeines Kraftsystem, sodass für ihre Bestimmung nun drei Gleichgewichtsbedingungen zur Verfügung stehen. Welche Bedingungen wir wählen, bleibt uns überlassen. Um die optimale Kombination von Gleichgewichtsbedingungen zu finden, schreiben wir einige an:

1.

$$\sum V = 0: \ A - F1 + D2 \cdot \sin 45^\circ = 0$$

$$\sum H = 0: \ O3 + U3 + D2 \cdot \cos 45^\circ = 0$$

$$\sum M_7 = 0: \ O3 \cdot h + 2 \cdot A \cdot d = 0$$

2.

$$\sum V = 0: \ A - F1 + D2 \cdot \sin 45^\circ = 0$$

$$\sum M_3 = 0: \ U3 \cdot h + F1 \cdot d - A \cdot 3 \cdot d = 0$$

$$\sum M_7 = 0: \ O3 \cdot h + A \cdot 2 \cdot d = 0$$

---

[79] Karl Wilhelm Ritter, 1847–1906; Karl Culmann, 1821–1881.

Man sieht, dass die als zweite angegebene Kombination günstig ist, da dort in jeder Gleichung nur eine unbekannte Stabkraft vorkommt, die somit direkt berechnet werden kann (es liegt also ein entkoppeltes Gleichungssystem vor).

Während in der ersten Gleichung ($\sum V = 0$) nur eine Stabkraft auftritt, weil die beiden anderen Stabkräfte senkrecht zur gewählten Kraftrichtung wirken, tritt in der zweiten Gleichung ($\sum M_3 = 0$) nur eine Stabkraft auf, weil der Momenten-Be-

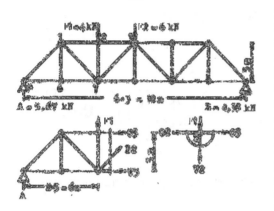

zugspunkt drei in den Schnittpunkt der beiden anderen Stabkräfte gelegt wurde. Gleiches gilt auch für die dritte Gleichung. Von dieser Möglichkeit, durch günstige Wahl des Momenten-Bezugspunktes Bestimmungsgleichungen mit nur einer Unbekannten zu gewinnen, hat zum ersten Mal *K.W. Ritter* im Jahre 1863 systematisch Gebrauch gemacht. Man spricht deshalb von der Ritterschen Schnittmethode, vom Ritterschnitt und Ritterpunkt (= nach dem oben erwähnten Kri-

Bild 182 Zum Ritterschen Verfahren

terium gewählter Momenten-Bezugspunkt). Da im vorliegenden Fall O3 und U3 parallel zueinander verlaufen, lässt sich die Ritter – Methode zur Bestimmung von D2 nicht anwenden: Der Ritterpunkt liegt als Schnittpunkt von O3 und U3 im Unendlichen. D2 muss deshalb aus einer beliebigen anderen Gleichung bestimmt werden (etwa wie im o. a. Gleichungssystem aus $\sum V = 0$). Diese Tatsache, dass sich nicht alle Stabkräfte eines gegebenen Fachwerks mit der Ritter – Methode bestimmen lassen, wird man bei fast jeder praktischen Aufgabe feststellen. Im vorliegenden Fall lassen sich z. B. neben den Diagonal-Stäben auch die Vertikal-Stäbe nicht mit Hilfe eines Ritter-Schnittes berechnen, da dabei mehr als drei Stäbe geschnitten werden. Die Vertikal-Stäbe wird man ermitteln aus Gleichgewichtsbetrachtungen der entsprechenden Knoten; z. B. wird V2 bestimmt aus einer Betrachtung des herausgeschnittenen Knoten 2 (Bild 182):

$$\sum V = 0: \quad V2 + 4,0 = 0 \rightarrow V2 = -4,0 \text{ kN}.$$

Wir kehren jetzt zurück zu dem o. a. Gleichungssystem und lösen es nach den unbekannten Stabkräften auf:

$$D2 = -\frac{A - F1}{\sin 45°}$$

$$O3 = -A \cdot 2 \cdot d/h$$

$$U3 = (A \cdot 3 \cdot d - F1 \cdot d)/h.$$

Mit Hilfe der Schnittgrößen des Ersatzbalkens (Bild 183) lassen sich diese Ausdrücke schreiben in der Form

$$D2 = -V_{02}/\sin 45°$$

$$O3 = -M_{07}/h \text{ und}$$

$$U3 = +M_{03}/h.$$

Ebenso wie beim Dreigelenkbogen ist auch beim Fachwerk die Einführung eines Ersatzbalkens mit denselben Schnittgrößen M_0 und V_0 nur sinnvoll und möglich, wenn ausschließlich senkrechte Lasten wirken.

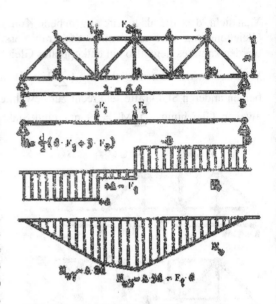

Bild 183 Schnittgrößen am Ersatzbalken

In Worten ausgedrückt besagen die o. a. Formeln dieses:

Bei einem parallel-gurtigen Fachwerk der hier dargestellten Art ergibt sich die Stabkraft einer Diagonalen betragsmäßig als Querkraft des Ersatzträgers (im Diagonalen-Bereich) dividiert durch den Sinus des Winkels der Diagonale gegen die Horizontale. Das Vorzeichen der Diagonalstabkraft kann i. A. mit Hilfe der Anschauung bestimmt werden. [80] Die Stabkraft eines Gurtstabes ergibt sich als Biegemoment des Ersatzträgers im zugehörigen Ritterpunkt dividiert durch die Fachwerkhöhe h (allgemein: durch den senkrechten Abstand des Ritterpunktes vom Gurtstab). Bei positiven (= nach unten wirkenden) Lasten sind Obergurtstäbe Druckstäbe und Untergurtstäbe Zugstäbe.

---

[80] Bei gleichmäßig verteilten Einzellasten etwa ergeben sich für die Diagonalen positive Stabkräfte bei der oberen Anordnung und negative Stabkräfte bei der unteren Anordnung.

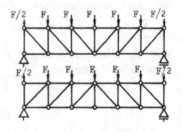

Wie der Cremonaplan zum Rundschnittverfahren gehört, so gehört das im Folgenden zu zeigende Culmannsche Verfahren zum Ritterschnittverfahren. Wie wir bereits festgestellt haben, sind beim Ritterschnittverfahren drei Stabkräfte als Kräfte
eines allgemeinen ebenen Kraftsystems zu bestimmen, mit anderen Worten: Eine
gegebene Kraft – die Resultierende der am betrachteten Teiltragwerk angreifenden
äußeren Kräfte – ist in drei Komponenten zu zerlegen, deren Wirkungslinien sich
nicht alle in einem Punkt schneiden. Diese Aufgabe haben wir bereits in Kapitel 1
zeichnerisch (und rechnerisch) gelöst .Wir zeigen hier (Bild 184) die Anwendung
auf das oben eingeführte Beispiel. Als Erstes wird zeichnerisch die Lage, Größe und
Richtung der Resultierenden bestimmt. Als Zweites wird dann eine Culmannsche
Hilfsgerade ermittelt als Verbindungslinie der Schnittpunkte von zweimal zwei
Kräften. Hier wurde der Schnittpunkt von R und U3 mit dem Schnittpunkt von O3
und D2 verbunden (genauer: die Schnittpunkte der Wirkungslinien).

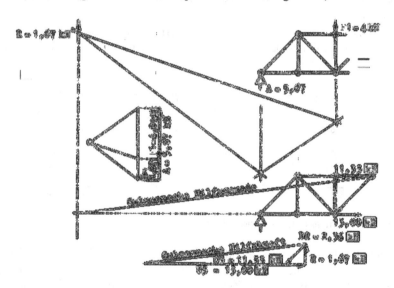

Bild 184 Culmann-Verfahren

Als Drittes wird dann R ins Gleichgewicht gebracht durch U3 und die Culmannsche
Hilfskraft; diese Culmannsche Hilfskraft wird schließlich zerlegt in D2 und O3,
womit die Aufgabe gelöst ist. Wegen der Notwendigkeit, zunächst die Resultierende
und deren Lage zu bestimmen, ist dieses Verfahren umständlich und entsprechend
ungebräuchlich. Wir haben es hier der Vollständigkeit halber gezeigt.

3.7.3.3 K-Fachwerk und Rautenfachwerk

Abschließend zeigen wir die Stabkraftbestimmung von zwei Fachwerkträgern, die so gebaut sind, dass ein Ritterschnitt durchweg 4 Stäbe trifft: Das K-Fachwerk (Bild 185 a und b) und das Rautenfachwerk (Bild 185 c und d). Wie die Bilder veranschaulichen, sind beide Fachwerke im Aufbau sehr ähnlich.

Die Stabkräfte beider Fachwerke lassen sich mit Hilfe des Rundschnitt-Verfahrens bzw. des Cremonaplanes ohne Schwierigkeiten bestimmen, wenn bei den Fachwerken a und c in Punkt a begonnen wird und bei den Fachwerken b und d die Bestimmung in drei Teilen vorgenommen wird:

1. Teil: Man beginnt in Punkt a und bestimmt alle Stäbe links von den Knoten 9 und 11.

2. Teil: Man beginnt in Punkt b und bestimmt alle Stäbe rechts von den Knoten 9 und 11.

3. Teil: Nachdem so alle Stabkräfte außer derjenigen des Stabilisierungsstabes S bestimmt sind, findet man die Stabkraft S durch eine Gleichgewichtsbetrachtung des Knotens 9 oder 11.

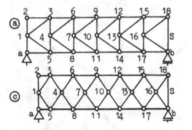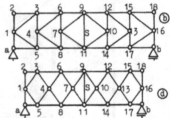

Bild 185 K-Fachwerk und Rautenfachwerk

Während also die rekursive Stabkraftbestimmung bei diesen Fachwerken sich nicht unterscheidet von denjenigen anderer Fachwerke, sind bei der Bestimmung der Kräfte einzelner Stäbe gewisse Zusatzüberlegungen erforderlich bzw. nützlich[81]. Beim K-Fachwerk führen sie auf eine Modifizierung des Ritterverfahrens, beim

---

[81] Im Vorgriff auf die Betrachtungen des Kapitels 4 erwähnen wir, dass die rechts dargestellten, eigentlich recht naheliegenden Konfigurationen statisch unbestimmt sind und mit dem hier bereitgestellten Verfahren allein nicht berechnet werden können.

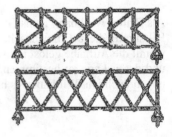

Rautenfachwerk jedoch helfen sie, wie wir noch sehen werden, nicht weiter, sodass hier nur die rekursiven Verfahren praktikabel sind. Das Culmannsche Verfahren ist bei beiden Fachwerken nicht anwendbar, da eine Kraft zeichnerisch nicht eindeutig in vier Komponenten zerlegt werden kann.

Wir zeigen zunächst für das K-Fachwerk eine Art Ritter-Verfahren, und zwar an dem in Bild 186 dargestellten System.

Die Grundfigur des K-Fachwerkes besteht aus 6 Stäben: 2 Gurtstäben, 2 Diagonalen und 2 Vertikalen.

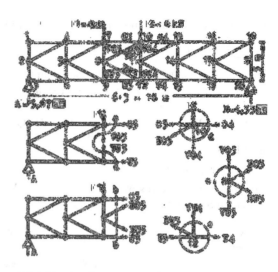

Bild 186 Zur Berechnung des K-Fachwerks

Es liegt nahe, zunächst Schnitt b zu führen. Eine Gleichgewichtsbetrachtung des dargestellten Teiltragwerks liefert 3 Gleichungen mit 4 Unbekannten. Gebraucht wird eine vierte Bestimmungsgleichung, die keine neuen Unbekannten enthält. Sie ergibt sich bei einer Gleichgewichtsbetrachtung des durch Rundschnitt c herausgetrennten Knotens 8 in Form der Bedingungen $\sum H = 0$. Sind die 4 Stabkräfte O3, U3, DO3 und DU3 bekannt, so liefert eine Gleichgewichtsbetrachtung des Knotens 10 (Schnitt d, $\sum V = 0$) die Stabkraft VO4 und eine Gleichgewichtsbetrachtung des Knotens 12 die Stabkraft VU4.

Einfacher gestaltet sich die Berechnung, wenn zunächst Schnitt a geführt wird, wobei sich die Ritterpunkte 7 und 9 ergeben:

$$\sum M_7 = 0: \; 3 \cdot U3 - 6 \cdot 5,67 = 0 \qquad U3 = +11,33 \text{ kN}$$

$$\sum M_9 = 0: \; 3 \cdot O3 + 6 \cdot 5,67 = 0 \qquad O3 = -11,33 \text{ kN}$$

Allgemein: $U3 = -O3 = \dfrac{M_{07}}{h}$ (mit dem Biegemoment M_{07} des Ersatzbalkens, siehe Bild 183)

Für das durch Schnitt b entstandene Teiltragwerk wird formuliert

$$\sum V = 0: \; 1,67 + DO3 \cdot \sin 26,5° - DU3 \cdot \sin 26,5° = 0; \qquad DU3 = DO3 + \dfrac{1,67}{\sin 26,5°}$$

Für den durch Schnitt c freigelegten Knoten wird formuliert

$$\sum H = 0: \quad DO3 \cdot \cos 26,5° + DU3 \cdot \cos 26,5° = 0 \rightarrow DU3 = -DO3$$

Diese 2 Gleichungen mit zwei Unbekannten liefern

DU3 = 1,67/(2 · sin 26,5°) = + 1,87 kN und DO3 = − 1,87 kN.

Allgemein DU3 = − DO3 = $\dfrac{V_{03}}{2 \cdot \sin \alpha}$ (mit der Querkraft V_{03} des Ersatzbalken, siehe Bild 183)

Schließlich ergibt sich

V04 aus einer Gleichgewichtsbetrachtung des durch Schnitt d freigelegten Knotens 10	VU4 aus einer Gleichgewichtsbetrachtung des durch Schnitt e freigelegten Knotens 12
$\sum V = 0: V04 + 6,0 + DO3 \cdot \sin 26,5° = 0$	$\sum V = 0: VU4 + DU3 \cdot \sin 26,5° = 0$
VO4 = − 6,0 + 0,84 = − 5,17 kN	VU4 = − 0,83 kN.
Allgemein: $VO4 = \dfrac{V_{03}}{2} - F$	$VU4 = -\dfrac{V_{03}}{2}$

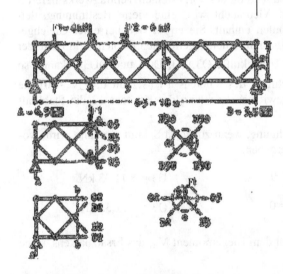

Bild 187 Berechnung des Rautenfachwerks

Sind nicht – wie hier angenommen – D3 und V4 zu berechnen, sondern D3 und V3, so ergeben sich die Stabkräfte VO3 und VU3 am einfachsten aus einer Gleichgewichtsbetrachtung der durch die Schnitte a und c entstandenen Teiltragwerke (jeweils $\sum V = 0$). Wir kommen nun zur Untersuchung des Rautenfachwerks (Bild 187). Schnitt a trifft 4 Stäbe; den dazugehörigen 4 unbekannten Stabkräften stehen 3 Bestimmungsgleichungen gegenüber, sodass eine Gleichung fehlt. Schnitt betrifft 4 „neue" Stäbe, für deren Berechnung wieder nur 3 Bestimmungsgleichungen zur Verfügung stehen, sodass jetzt 2 Gleichungen fehlen. Schnitt c trifft keine „neuen" Stäbe, sodass die in Knoten 2 hinzu-kommenden 2 Gleichungen (zentrales KS) das Problem lösbar machen (8 Gleichungen mit 8 Un-bekannten). Wir zeigen die Lösung hier nicht, son-dern begnügen uns mit diesem Hinweis. Es wird dem Leser aufgefallen sein, dass beim Anschreiben der durch die Schnitte a, b und c freigelegten Stab-kräfte nicht unterschieden wurde zwischen dem unteren Teil einer Diagonalen und deren oberen Teil, also etwa zwischen DU3 und DO3. Eine sol-che Unterscheidung ist nicht nötig, solange die Knoten 4, 5, 6 usw. unbelastet bleiben, wie eine Betrachtung etwa des Knotens 6 – Schnitt d – zeigt. Die beiden Gleichgewichtsbedingungen „Summe aller Kräfte senkrecht zu D3 gleich Null" und „Summe aller Kräfte senkrecht zu D'3 gleich Null" liefern D'3U = D'3O = D'3 und D3U = D3O = D3. Dies ergibt sich natürlich auch dann, wenn die Dia-gonalen nicht – wie hier – senkrecht aufeinander stehen. Freilich müssen – wie stets beim Rauten-fachwerk – D'3U und D'3O in gleicher Richtung verlaufen, ebenso wie D3U und D3O. Dementspre-chend kann auf eine Verbindung von. D3 und D'3 – allgemein: von D und D' – verzichtet werden. Die Gelenke 5,6 usw. können fehlen, wenn die Diagona-len D und D' in zwei verschiedenen Ebenen verlau-fen und sich kreuzen.

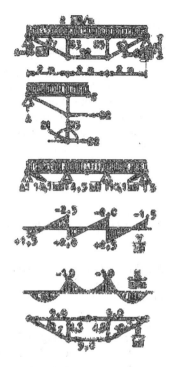

Bild 188
Der unterspannte Balken

3.8 Gemischte Stabtragwerke

Neben den bisher behandelten Stabwerken und Fachwerken gibt es Stabtragwerke, die aus biegesteifen Stäben und Fachwerkstäben (gelenkig angeschlossenen Stäben) bestehen. Wir haben ein sehr einfaches Beispiel solcher Tragwerke schon kennenge-lernt: Die Dreigelenkkonstruktion mit Zugband. Hier zeigen wir ein ebenfalls recht einfaches Beispiel solcher Art: Den unterspannten Einfeldbalken, (belastet durch eine Gleichlast (Bild 188). Die Untersuchung derartiger Systeme beginnt mit der Berechnung der Stütz- und Stabkräfte. Hier ergibt sich A = B = 6,0 kN. Die Stab-kraft S2 ergibt sich dann aus $\sum M_{gl} = 0$ (oder $\sum M_{gr} = 0$) zu S2 = 9,0 kN. Eine

Gleichgewichtsbetrachtung des Knotens c liefert dann mit $\sum H = 0$ die Stabkraft $S1 = 10,0$ kN und aus $\sum V = 0$ die Stabkraft $S3 = -4,5$ kN. Trennt man nun die Fachwerkstäbe von den biegesteifen Stäben ab und bringt stattdessen die entsprechenden Stabkräfte an, so lassen sich die Zustandslinien der biegesteifen Stäbe auf die uns bekannte Weise ermitteln. Wir verzichten auf eine Wiedergabe der Rechnung und geben unmittelbar deren Ergebnis (Zustandslinien) an. Dieses Ergebnis lässt übrigens erkennen, dass die Wirkungsweise des unterspannten Trägers sehr ähnlich ist der Wirkungsweise des Dreigelenk-Rahmens mit Zugband. Die Ähnlichkeit wird noch deutlicher, wenn nur das mittlere Drittel des vorliegenden Tragwerks belastet wird.

3.9 Räumliche Stabwerke

Alle bisher untersuchten Tragwerke wurden in ihrer Ebene belastet. Dabei traten als innere Kräfte auf die Schnittgrößen V, M und N, bei Belastung in der z-x-Ebene V_z, M_x und N.

Wie wir in Abschnitt 2.10 gesehen haben, gibt es daneben Systeme, bei denen die Lastebene und die Tragwerksebene nicht mehr zusammenfallen oder bei denen von einer Last- und/oder Tragwerksebene überhaupt nicht mehr gesprochen werden kann. Für ein solches System (Bild 189) zeigen wir die Zustandslinien. Bei der Definition der Schnittgrößen beziehen wir uns auf das dargestellte Koordinatensystem und entscheiden uns für diese Regelung:

Positive Quer- und Normalkräfte sowie Torsionsmomente zeigen auf einem positiven Schnittufer in positiver Richtung und auf einem negativen Schnittufer in negativer Richtung; positive Biegemomente rufen im positiven Querschnittsteil Zugspannungen hervor.

Dann gelten, wie man der Abbildung ohne weiteres entnimmt, die in Abschnitt 3.5 abgeleiteten Differentialbeziehungen sowohl für q_z, V_z und M_y als auch für q_y, V_y und M_z. Wir haben die Biegemomente wie gewöhnlich auf derjenigen Stabseite angetragen, auf der sie Zug erzeugen, positive Querkräfte auf positiven Stabseiten. Dadurch wird die Lesbarkeit der Diagramme erleichtert bzw. verbessert.

Zur Berechnung der einzelnen Werte ist kaum etwas zu sagen. An jeder ausgezeichneten Stelle führt man einen Schnitt, bringt die oben definierten Schnittgrößen an und ermittelt ihre Werte aus einer Gleichgewichtsbetrachtung. Hier ein Beispiel (Bild 190).

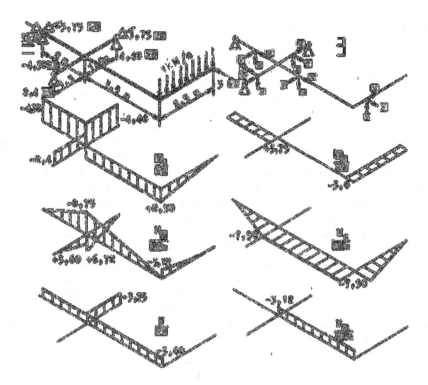

Bild 189 Räumliches System

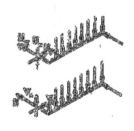

Bild 190
Schnittgrößen

Das Gleichungssystem

$$\sum X = 0: \quad N + 3 = 0$$

$$\sum Y = 0: \quad V_y = 0$$

$$\sum Z = 0: \quad -V_z + 2,5 = 0$$

$$\sum M_x = 0: \quad M_x + 2,5 \cdot 1.25 = 0$$

$$\sum M_y = 0: \quad -M_y = 0$$

$$\sum M_z = 0: \quad M_z + 3 \cdot 2,5 = 0$$

liefert $\quad N = -3,0 \, kN, \quad V_y = 0, \quad V_z = 2,5 \, kN,$

$M_x = -3,12 \, kNm, \quad M_y = 0, \quad M_y = -7,5 \, kNm.$

Dem Leser wird empfohlen, weitere Werte selbständig zu bestimmen.

Zusammenfassung von Kapitel 3

Die Ausführungen dieses Kapitels haben uns gezeigt, wie man die in einem Querschnitt eines Tragwerks wirkenden Kräfte bestimmen kann. Man denkt sich einen entsprechenden Schnitt geführt, der diejenigen inneren Kräfte, die durch diesen Querschnitt von einem Tragwerksteil auf den anderen wirken, zerstört. Damit beide Teile auch nach dem Schnitt in Ruhe bleiben, müssen diese zerstörten Kräfte durch äußere Kräfte ersetzt werden. Wir bringen sie an in den Schwerpunkten der Schnittflächen und bestimmen ihre Werte aus Gleichgewichtsbetrachtungen der Teiltragwerke. Dabei ist nun eine Frage interessant: Wie viele voneinander unabhängige Schnittgrößen müssen und dürfen in einem Querschnitt eines ebenen Tragwerks wirken bzw. wie viele Freiheitsgrade muss die Resultierende dieser Schrittgrößen haben? Da jedes der beim Schnitt entstandenen Teiltragwerke in Ruhe verharren soll und also das auf jedes Teiltragwerk wirkende vollständige Kraftsystem (in sich) im Gleichgewicht sein muss, muss es drei Gleichgewichtsbedingungen erfüllen. Diese drei Gleichgewichtsbedingungen können nur erfüllt werden, wenn genau drei voneinander unabhängige Schnittgrößen wirken. Beim Stabwerk sind dies M, V und N, beim (normalen) Fachwerk sind es die drei Stabkräfte eines Quer-Schnitts. Bei gemischten Stabtragwerken werden mit einem Schnitt i. A. mehr als drei Schnittgrößen freigelegt. Diese sind dann jedoch nicht mehr unabhängig voneinander. Gleiches gilt für statisch bestimmte Fachwerke, bei denen ein Quer-Schnitt mehr als drei Stäbe trifft (etwa das K-Fachwerk oder das Rautenfachwerk).

Wir haben gesehen, dass die Schnittgrößen i. A. Funktionen sind von den Koordinaten der Schnittstelle, den Koordinaten der Lastangriffspunkte und der Größe der Lasten. Schnittgrößen infolge mehrerer Lasten lassen sich darstellen als Summe der Schnittgrößen der einzelnen Lasten. Während die Frage der Abhängigkeit von der Lastgröße bei Einzellasten trivial ist, führt die Untersuchung der Abhängigkeit von den Koordinaten der Schnittstelle auf die Zustandslinien und die Untersuchung der Abhängigkeit von den Koordinaten des Lastangriffspunktes auf die Einflusslinien.

4 Arten der Tragwerke und Kriterien für statische Bestimmtheit

In den vorangegangenen Betrachtungen haben wir drei verschiedene Arten von Stabtragwerken kennengelernt: Stabwerke, Fachwerke und gemischte Stabtragwerke. Zusammen bilden sie die Gruppe der Stabtragwerke. Daneben gibt es noch die Flächentragwerke, die gewöhnlich eingeteilt werden in Platten, Scheiben und Schalen. Wir kommen so zu dieser Übersicht.

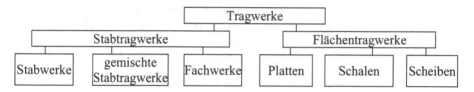

Bei den bisherigen Untersuchungen haben wir festgestellt, dass stets mindestens so viele voneinander unabhängige Bestimmungsgleichungen in Form von Gleichgewichtsbedingungen zur Verfügung standen wie unbekannte Kraftgrößen zu berechnen waren. Dass dies nicht immer so sein wird, zeigt ein Blick auf den in Bild 191 dargestellten Zweifeldträger mit seinen vier Stützkraft-Komponenten. Da es sich hier um ein einteiliges Tragwerk handelt, liefert die Bedingung, dass sich dieses eine Teil (in der Ebene) im Zustand der Ruhe befinden soll, für die äußeren Kräfte drei Gleichgewichtsbedingungen. Mit ihnen können die vier unbekannten Stützkräfte nicht eindeutig bestimmt werden. Der Leser könnte meinen, durch das Aufstellen einer vierten Gleichung das Problem lösbar zu machen. Was dabei passieren würde, zeigt die folgende Rechnung. Die Gleichgewichtsbedingungen $\sum V = 0, \sum M_a = 0, \sum M_b = 0$ und $\sum H = 0$ etwa liefern dieses Gleichungssystem:

Bild 191 Zweifeldträger

$$A_v + B + C = F$$

$$l_1 \cdot B + (l_1 + l_2) \cdot C = a \cdot F$$

$$l_1 \cdot A_v - l_2 \cdot C = b \cdot F$$

$$A_h = 0$$

Die Lösbarkeit dieses Systems kontrollieren wir durch Berechnung der Nennerdeterminanten und stellen fest, dass sie verschwindet:

$$\begin{vmatrix} 1 & 1 & 1 & 0 \\ 0 & l_1 & l_1+l_2 & 0 \\ l_1 & 0 & -l_2 & 0 \\ 0 & 0 & 0 & 1 \end{vmatrix} = 1 \cdot \begin{vmatrix} 1 & 1 & 1 \\ 0 & l_1 & l_1+l_2 \\ l_1 & 0 & -l_2 \end{vmatrix} = 1 \cdot \left[1 \cdot \begin{vmatrix} l_1 & l_1+l_2 \\ 0 & -l_2 \end{vmatrix} + l_1 \cdot \begin{vmatrix} 1 & 1 \\ l_1 & l_1+l_2 \end{vmatrix} \right] =$$

$$= 1 \cdot \left[+l_1 \cdot (-l_2) + l_1 \cdot (l_1 + l_2 - l_1) \right] = 0$$

Da die Zählerdeterminanten ebenfalls sämtlich Null werden (und nicht alle Unterdeterminanten verschwinden), müssen die Gleichungen voneinander abhängig sein, sodass das System unendlich viele Lösungen hat. Tatsächlich stellt man fest, dass die mit l_1 multiplizierte erste Gleichung vermindert um die dritte Gleichung die zweite Gleichung ergibt:

$$\left.\begin{array}{l} l_1 \cdot A_v + l_1 \cdot B \quad\quad + l_1 \cdot C = \quad\quad l_1 \cdot F \\ l_1 \cdot A_v \quad\quad\quad\quad\quad - l_1 \cdot C = \quad\quad b \cdot F \end{array}\right\} -$$

$$\overline{0 \quad + l_1 \cdot B \ + \ (l_1 + l_2) \cdot C = (l_1 - b) \cdot F = a \cdot F}$$

Anders ausgedrückt:

Das Hinzunehmen einer vierten Gleichung liefert mechanisch keine neue Aussage. Die Kräfte dieses Systems sind also mit (stereo-)statischen Mitteln allein nicht bestimmbar, man sagt: Das System ist statisch unbestimmt. Selbstverständlich ist auch ein Dreifeldträger statisch unbestimmt: Bei ihm stehen 5 unbekannten Stützgrößen ebenfalls nur 3 Bestimmungsgleichungen aus der Forderung nach Gleichgewicht gegenüber. Während dieses $5 - 3 = 2$ -fach statisch unbestimmt ist, war jenes 1 -fach statisch unbestimmt.

Im Folgenden wollen wir nun zwei Verfahren entwickeln, mit denen man den Grad der statischen Unbestimmtheit feststellen kann, wobei 0 -fach unbestimmt gleichbedeutend ist mit statisch bestimmt.

Statisch bestimmt ist ein Tragwerk, für das alle Stütz- und Schnittgrößen allein mit Hilfe von Gleichgewichtsbetrachtungen ermittelt werden können. Elementare statisch bestimmte Stabtragwerke sind: Der Einfeldträger, der Kragträger, der Dreigelenkrahmen (bzw. -bogen), der Stabzweischlag bzw. das Stabdreieck (Bild 192). Zunächst zeigen wir das Aufbaukriterium: Lässt sich ein Stabtagwerk aufbauen aus den oben angegebenen elementaren statisch bestimmten Systemen, so ist es statisch bestimmt. Es ist n-fach statisch unbestimmt, wenn n

Bild 192
Stabdreieck

Bindungen gelöst werden müssen, damit es sich so aufbauen lässt.

Eine Bindung wird gelöst, wenn ein verschiebliches Auflager oder ein Pendel- bzw. Fachwerkstab entfernt oder ein Gelenk eingeführt wird.

Zwei Bindungen werden (zugleich) gelöst, wenn ein festes Auflager entfernt wird.

Drei Bindungen werden (zugleich) gelöst, wenn ein einspannendes Auflager entfernt oder ein Biegestab durchschnitten wird.

In Tafel 15 sind hierzu einige Beispiele zusammengestellt.

Tafel 15

gegebenes Tragwerk	aus statisch bestimmten Grundelementen aufgebautes Tragwerk	Anzahl der gelösten Bindungen = Grad der Unbestimmtheit
		2
		3
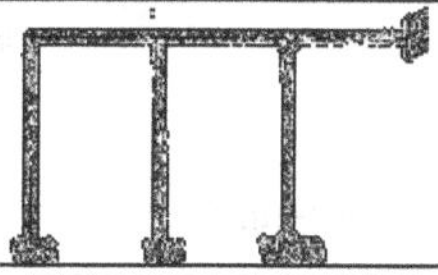	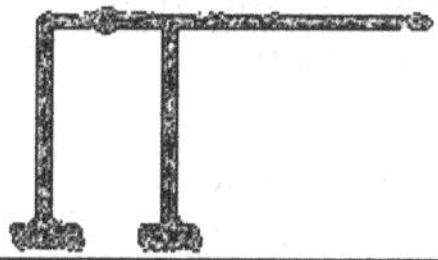	7
		3
		5

Die oben angegebenen Beispiele scheinen zu zeigen, dass man zwischen einer inneren und einer äußeren Unbestimmtheit unterscheiden kann, wobei eine äußere Unbestimmtheit durch eine entsprechende Stützung entsteht. Diese Unterscheidung ist jedoch problematisch, wie wir sogleich sehen werden. Das erste in der Tafel gezeigte Tragwerk würde nämlich bei Beachtung der o. a. Einteilung als äußerlich 2 -fach unbestimmt bezeichnet werden, obwohl „die Unbestimmtheit mit gleichem Recht in den Stützmomenten gesehen werden" kann, wie ein Blick auf den oben gezeigten Koppelträger zeigt; oder an den Biegemomenten an beliebiger Stelle, wie ein Blick auf den Gerberträger

Bild 193 Mehrfeldträger

zeigt (Bild 193). Da sich Ähnliches an fast allen Beispielen zeigen lässt, stellen wir fest, dass sich die statische Unbestimmtheit i. A.[82] nicht lokalisieren lässt, weshalb wir nicht zwischen innerer und äußerer Unbestimmtheit unterscheiden wollen.

Nun das Abzählkriterium, mit dem sich der Grad der Unbestimmtheit formal errechnen lässt. Wir entwickeln es am dargestellten System (Bild 194), einem Gerberträger.

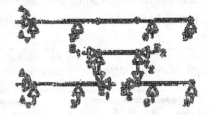

Die etwas geänderte Darstellung (Bild 195) zeigt, dass dieses Tragwerk aus drei selbständigen Teilen besteht, für die jeweils 3 Gleichgewichtsbedingungen angegeben werden können. Sie zeigt auch, dass 5 Auflagerreaktionen (Stützgrößen) und 4 Zwischenreaktionen unbekannt und zu berechnen sind. Es stehen also $3 \cdot 3 = 9$ Bestimmungsgleichungen zur Verfügung für die Berechnung von $4 + 5 = 9$ Unbekannten. Das Tragwerk kann also mit Hilfe von Gleichgewichtsbetrachtungen allein berechnet werden und ist also statisch bestimmt.

Bild 194 Zum Abzählkriterium

Bild 195
1-fach statisch unbestimmt

Wenn wir die Anzahl der einfach zusammenhängenden [83] Teile mit p bezeichnen, die Anzahl der Zwischenreaktionen mit z und die Anzahl der Auflagerreaktionen (Stützgrößen) mit a, dann muss also bei einem statisch bestimmtem Tragwerk allgemein sein

$$a + z = 3 \cdot p \qquad \text{oder} \qquad a + z - 3 \cdot p = 0$$

Nehmen wir an, bei dem eben betrachteten Tragwerk wäre nur ein Gelenk vorhanden (Bild 195): Dann ist p = 2, z = 2 und a = 5. Man erhält $a + z - 3 \cdot p = 5 + 2 - 6 = 1$. Das System ist einfach statisch unbestimmt. Wir können, wenn wir den Grad der Unbestimmtheit n nennen, allgemein sagen

---

[82] Allenfalls könnte man statisch unbestimmte Tragwerke, deren Stützgrößen sich allein mit Hilfe von Gleichgewichtsbedingungen bestimmen lassen, als innerlich statisch unbestimmt bezeichnen.

[83] Der Begriff „einfach zusammenhängend" wurde der Mathematik entlehnt. Dort bezeichnet man geschlossene Flächen als einfach zusammenhängend, Flächen mit einem Loch als zweifach zusammenhängend usw.

einfach zu-   zweifach zu-
sammenhän-   sammenhän-
gende Fläche   gende Fläche

$$a + z - 3 \cdot p = n$$

n < 0, das Tragwerk ist verschieblich

n = 0, das Tragwerk ist statisch bestimmt

n > 0, das Tragwerk ist statisch unbestimmt

Eine Betrachtung der in Bild 196 dargestellten Tragwerke zeigt, dass auch bei n = 0 oder n > 0 ein Tragwerk verschieblich sein kann. Deshalb muss jedes Tragwerk, wenn das Abzählkriterium verwendet wurde, zusätzlich auf Unverschieblichkeit geprüft werden.

Was die Zahl der Zwischenreaktionen anbetrifft, so ist zu fragen: Treten in einem Gelenk stets 2 Zwischenreaktionen auf?

Bild 196 Verschiebliche Systeme   **Bild 197** Zwischenreaktionen

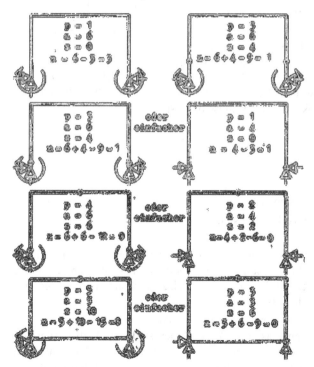

Bild 198 Zur Anwendung des Abzählkriteriums

Eine Betrachtung des Tragwerks in Bild 197 zeigt, dass dort in einem Gelenk 4 Zwischenreaktionen auftreten. Treffen in einem Gelenk wie hier 3 Stäbe zusammen, so kann man einen Stab als „stützenden Stab" auffassen, während die beiden anderen ihn mit je 2 Stützkräften (Zwischenreaktionen) belasten. Treffen i Stäbe zusammen, so belasten $i - 1$ Stäbe mit je 2 Zwischenreaktionen. Folglich gilt

$$z = 2 \cdot (i - 1).$$

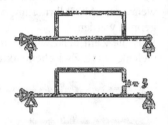

Bild 198 zeigt einige Beispiele zur Anwendung. Das in Bild 199 dargestellte System besteht aus einer zweifach zusammenhängenden Scheibe. Wir schneiden diese Scheibe auf und bringen die dabei auftretenden 3 Zwischenreaktionen an. Dann ist $a = 3, z = 3, p = 1$. Es ergibt sich $n = 3 + 3 - 3 = 3$.

Selbstverständlich kann auch ein Fachwerk mit der Formel

$$n = a + z - 3 \cdot p$$

Bild 199 Zweifach zusammenhängende Scheibe

untersucht werden, etwa das in Bild 200 dargestellte.

Es ist $a = 3, z = 24$ und $p = 9$;
das ergibt $n = 3 + 24 - 27 = 0$.

Da bei Fachwerken jedoch nur Normalkräfte in den Stäben wirken, kann die Formel vereinfacht werden. Wie wir wissen, stehen je Knoten 2 Gleichgewichtsbedingungen zur Verfügung. Unbekannt sind die a Auflagerkräfte und die s Stabkräfte. Daher muss beim statisch bestimmten Fachwerk sein

Bild 200 Anzahl der Zwischenreaktionen

$$a + s = 2 \cdot k \qquad \text{oder} \qquad a + s - 2 \cdot k = 0.$$

Die Unbestimmtheit ergibt sich dann zu

$$n = a + s - 2 \cdot k.$$

Hierbei ist k die Anzahl der Knoten.

Für das oben gezeigte Fachwerk ergibt sich
$$3 + 9 - 12 = 0.$$

Ebenso wie bei biegesteifen Systemen ist auch bei Fachwerken die Erfüllung der Gleichung $a + s - 2 \cdot k = 0$ notwendig für die Stabilität eines (statisch bestimmten) Systems, nicht aber hinreichend. Es muss stets noch zusätzlich überprüft werden, ob das System nicht verschieblich, ist.

Die oben angegebenen Kriterien nennt man Abzählkriterien. Sie sind in der Handhabung schwerfällig und phantasielos. Angenehmer sind die Aufbaukriterien zu handhaben. Bei ihnen geht man von einer festen Scheibe aus und baut das System aus statisch bestimmten Elementen weiter auf. Die Anzahl der Bindungen, die dazu gelöst werden müssen, geben den Grad der Unbestimmtheit an.

Schließlich müssen wir noch Systeme betrachten, die sowohl gelenkig angeschlossene als auch biegesteif angeschlossene Stäbe enthalten. Entsprechend müssen in diesen
Systemen im Allgemeinen sowohl
Gelenk-Knoten als auch biegesteife
Knoten vorhanden sein. Wir betrachten als Beispiel das in Bild
201 dargestellte System und bringen an ihm Schnitte so an, dass nur
noch gerade Einzelstäbe und Knoten vorhanden sind. Die Anzahl der
dabei freigelegten (oder deshalb
anzubringenden) Schnittgrößen ist
angeschrieben.

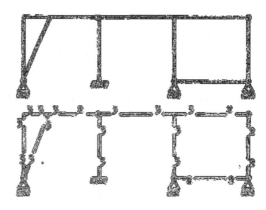

Bild 201 Grundelemente eines gemischten
Stabwerks und Zwischenrektionen

Wir bezeichnen:

$r_1 =$ Anzahl der beiderseits gelenkig angeschlossenen Stäbe

$r_2 =$ Anzahl der auf einer Seite gelenkig und auf der anderen Seite biegesteif angeschlossenen Stäbe

$r_3 =$ Anzahl der beidseitig biegesteif angeschlossenen Stäbe

$k_1 =$ Anzahl der Gelenk-Knoten, einschließlich der festen oder verschieblichen
Stützgelenke

$k_2 =$ Anzahl der steifen Knoten. Treffen in einem Knoten mindestens 2 biegesteif
angeschlossene Stäbe und weitere, gelenkig angeschlossene Stäbe zusammen, so gilt der Knoten als steif.

Wie man an dem oberen Beispiel sofort sieht, beträgt die Anzahl der unbekannten
Kraftgrößen (Schnittgrößen und Auflagergrößen)

$$4 \cdot r_1 + 5 \cdot r_2 + 6 \cdot r_3 + a \, .$$

Die Anzahl der zur Verfügung stehenden Gleichgewichtsbedingungen beträgt

$$2 \cdot k_1 + 3 \cdot k_2 + 3 \cdot (r_1 + r_2 + r_3) \, ,$$

sodass die Bedingung für statische Bestimmtheit lautet

$$r_1 + 2 \cdot r_2 + 3 \cdot r_3 + a - 2 \cdot k_1 - 3 \cdot k_2 = 0 .$$

Liefert die linke Seite dieser Gleichung einen Wert, der grösser als Null ist, so ergibt
sich der Grad der Unbestimmtheit zu

$$n = r_1 + 2 \cdot r_2 + 3 \cdot r_3 + a - 2 \cdot k_1 - 3 \cdot k_2 .$$

Wir geben nun den numerischen Wert des Grades der statischen Unbestimmtheit für das o. a. System an:

Wegen $r_1 = 2$, $r_2 = 3$, $r_3 = 5$, $a = 8$, $k_1 = 3$ und $k_2 = 6$ ergibt sich dieser zu

$$n = 2 + 6 + 15 + 8 - 6 - 18 = 7.$$

Wir überprüfen dieses Ergebnis mit dem Aufbaukriterium (Bild 202): Tatsächlich müssen 7 Bindungen gelöst werden, um ein statisch bestimmtes System zu erhalten.

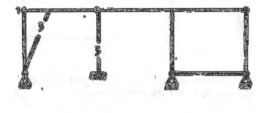
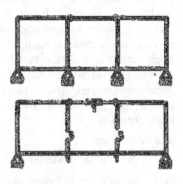

Bild 202   **Bild 203**
Zur Anwendung des Aufbaukriteriums   Zum Aufbaukriterium

Mit einem zweiten Beispiel (Bild 203) schließen wir unsere diesbezüglichen Betrachtungen ab.

$r_1 = 1$ $k_1 = 0$
$r_2 = 0$ $k_2 = 8$
$r_3 = 9$ $a = 5$
$n = 1 + 27 + 5 - 24 = 9$

Das Aufbaukriterium liefert ebenfalls $n = 9$.

Schließlich erwähnen wir noch, dass die Aussage „ein System ist n-fach statisch bestimmt" relevant ist nur bei einer Tragwerksuntersuchung mit Hilfe des Kraftgrößenverfahrens. Bei Verwendung des Formänderungsgrößenverfahrens ist sie irrelevant.

Sachwortverzeichnis

Printed in the United States
By Bookmasters